"十四五"职业教育国家规划教材

农业机具使用与维护

第三版

张智华 主编

中国农业出版社
北京

内 容 简 介

　　作者针对目前农村正在推广和使用的农业机具，利用多年积累的理论与教学研究成果以及农机使用维修方面的经验，编写了这本实用性较强的教材。全教材共有 9 个模块，各模块分为基础知识和技能实训两大部分。本教材介绍了农村常用的动力机械、土壤耕作机械、播种施肥机械、植物保护机械、节水灌溉机械、谷物收获机械的基本构造、工作原理和使用方法，同时详细介绍了这些农机具的适用范围和特点。全教材文字通俗易懂，插图丰富实用，注重实际操作能力的培养，实用性强。

　　本教材适合于中等职业学校农林类专业使用，也可作为相关农机技术人员培训的参考用书。

第三版编审人员

主　编　张智华

副主编　栗云香

参　编　（以姓名笔画为序）

　　　　王宇峰　陈丽敏　谢　军　管丛江

审　稿　崔清亮

第一版编审人员

主　编　张智华（山西省原平农业学校）

编　者　张智华（山西省原平农业学校）

　　　　　郭　刚（山东省潍坊职业学院）

　　　　　彭樟林（江西省樟树农业学校）

　　　　　栗云香（山西省原平市农机培训学校）

审　稿　宗银生（江苏省南通农业学校）

插　图　贾秀英（山西省原平农业学校）

第二版编审人员

主　编　张智华

副主编　兰俊田

参　编（按姓名笔画排序）

　　　　　贺　雄　徐俊伟　褚全礼　管丛江

审　稿　崔清亮

第三版前言

农业机械化和农机装备是转变农业发展方式、提高农村生产力的重要基础，是实施乡村振兴战略的重要支撑。没有农业机械化，就没有农业农村现代化。在全面建设社会主义现代化国家的进程中，推动农业机械化全程全面高质量发展，对于促进农业机械化转型升级、加快全产业链强化农机装备研发制造和推广应用、更好支撑全面推进乡村振兴，加快农业农村现代化，加快建设农业强国具有重要意义。

回望新中国成立70年以来的农业机械化发展历程，党中央、国务院始终高度重视农业机械化发展，把农业机械化作为发展农业生产、推进农业农村现代化的重要内容、重要支撑和重要标志，持续不断地推进。早在1959年，毛泽东主席就提出了"农业的根本出路在于机械化"的著名论断。2018年，全国农机总动力达到10.04亿kW，亩均动力超过美国、日本等发达国家。农村农业机械总量近2亿台套，其中拖拉机保有量2 240万台，联合收割机206万台。机耕、机播、机收、机电灌溉、机械植保等五项作业面积达到66.7亿亩次/年，我国农机拥有量、使用量均已位居世界前列。全国农作物耕、种、收综合机械化率超过69%，机耕率、机播（栽植）率、机收率分别达到84.03%、56.93%和61.39%。其中，小麦、水稻、玉米等主要粮食作物耕种收综合机械化率分别达到95.89%、81.91%、88.31%，生产已基本实现机械化，完全改变了农忙季节"工人放假、学生停课、干部下乡"抢收抢种的局面。农业生产已从主要依靠人力、畜力转向主要依靠机械动力，进入了机械化为主导的新阶段。农业机械化让农民从"面朝黄土背朝天"的繁重体力劳动中解放出来，为广大农民共享现代社会物质文明成果提供了有力支持。

发展农业机械化的过程很大程度上也是造就高素质农民的过程，目前活跃在农村的4 000多万农机手，多数是具有相对较高文化素质的中青年农民，他们懂技术、会操作、善经营，是高素质农民的代表，已成为发展现代农业的中坚力量。为了帮助广大农机户及时掌握新型农机具的使用技术，充分发挥农机具的效率，中国农业出版社组织具有扎实理论基础和丰富实践经验的中职学校教师和生产一线技术人员，通过调研，选择适用性较强、发展趋势明显、农机部门主要推广的农业机械类型、机型和实用技术，编写了本教材。

在章节和内容的安排上，力图打破"重理论、轻实践"的传统教材模式，将理论和实践有机地结合起来。全教材配套开发了由电子课件、图片、视频、动画等组成的数字资源，便于教师教学和学生学习。

全教材共分9个模块，主要内容有：柴油机、小型汽油机、拖拉机、农用电动机等动力机械，耕整地机械、播种施肥机械、植保机械、排灌机械和收获机械等农田作业机械。

本教材由张智华主编，具体分工如下：张智华编写第2、6模块，陈丽敏编写第5、9模块，管丛江编写第1、3模块，谢军编写第4、7模块，栗云香、王宇峰编写第8模块。本教材由张智华统稿，山西农业大学崔清亮教授审稿。教材编写过程中得到编者所在单位的大力支持和帮助，在此表示诚挚的谢意。由于时间仓促和编者水平有限，教材中难免存在不足之处，恳请读者批评指正。

编　者
2019年3月

第一版前言

人类进入21世纪，随着农村改革的进一步深化和产业结构的调整，社会对劳动者的素质提出了比以往任何时候都要高的要求。原有的教材和教学模式已远远不能满足需要。为了培养能够适应社会要求的高素质劳动者，提高中职学生的全面素质和综合职业能力，按照教育部"面向21世纪中等职业教育国家规划教材"种植专业主干课程部颁大纲的要求，特组织编写了本教材。

本教材是根据中等职业学校培养目标和教育部2001年颁发的《中等职业学校种植专业（三年制）〈农业机具使用与维护〉教学大纲》编写的国家规划教材，由教育部职业与成人教育司委托中国农业出版社组织编写。本教材可作为中等职业学校种植类专业和各级农机培训学校教材，亦可供各级农机经营管理人员阅读参考。

本教材编写采用了较新的教育思想和教育观念，具有以下几个特点：

1. 明确培养目标。本教材的适用对象是种植专业的学生，培养目标是高素质的农民，其所学知识以生物技术为主，机械知识很少。而农业机械是工具，是为农业技术服务的。本教材编写时始终坚持这一指导思想，教学内容安排上深入浅出，简明易懂，强调实用、够用，围绕应用实践安排教材内容，选用新颖、先进、实用的教学内容，配有丰富实用的插图，符合当前农村的实际需要和学生的接受能力，具有较强的时代特色。

2. 突出自立创业能力的培养。种植专业的学生从事农业生产时就业与创业在很大程度上是一致的。而创业除了具备一定的知识技能外，还需要资金、土地等方面的条件。我国农村现阶段以小规模经营为主，所用机具以中小型为主，因此，本教材在选材时尽量选用较先进的、使用广泛的中小型机具。

3. 突出安全性和环保性。操作农业机械，特别是电动机、喷雾器等有很大的危险性，必须严格按照操作规程来使用。本教材用较多的篇幅介绍了常用机具的安全操作规程。

4. 针对中职学生的心理特点和认知规律，每单元开始有学习目标，可使学生对将要学习的知识技能有一大致了解。在单元末有小结和思考题，便于学生掌握和巩固所学内容。附有专题讨论和科普写作，有利于学生开拓视野和提高学生的全面素质。

通过本教材的学习，应使学生了解常用的农业机械，掌握常用农机具的结构、基本操作、调整和维护保养方法，并根据农机与农艺相互适应的关系，合理使用农业机械，掌握作业质量的检查方法。使学生具备从事农业生产所必需的农业机具使用维护能力，为学生学习专业知识和职业技能、提高全面素质、增强适应职业变化的能力和继续学习的能力打下一定的基础。

根据本课程在种植类专业中的地位和直观性强的特点，学习过程中应重视实验实训，亲自动手操作，掌握实践技能，必须克服怕脏、怕累的思想，提倡吃苦耐劳的精神。必须重视课堂听讲，图文对照，力求弄清结构，开展讨论式学习，不死背条文。

本教材由山西省原平农业学校张智华担任主编，江苏省南通农业学校宗银生老师对本书作了全面的审阅。参加编写的有：山西省原平农业学校张智华（柴油机、小型汽油机、拖拉机、排灌机具、农业机器的技术保养等），山东省潍坊职业学院郭刚（整地机具、中耕机具、植保机具等），江西省樟树农业学校彭樟林（农用电动机、种植机具等），山西省原平市农机培训学校栗云香（收获机具），山西省原平农业学校贾秀英老师（插图）。本书编写过程中得到了上述老师所在学校领导和农机老师的大力支持，在此一并表示衷心的感谢。

限于编者水平，书中难免存在疏漏和不妥之处，恳请读者提出宝贵建议和意见，以便再版时修正。

编　者

2001年5月27日

第二版前言

"十一五"期间,随着《农业机械化促进法》的颁布和国家对购置农机具实施补贴等一系列惠农政策的出台,极大地调动了农民购置农业机械的积极性。农业机械化进入了全新发展时期,呈现出发展速度加快、发展领域拓宽、发展机制不断完善和农机农艺不断协调的新趋势。

目前我国农机化作业水平已超过50%,在小麦、水稻和玉米三大粮食作物中,小麦机播和机收水平均达到91.26%,水稻机械化栽植水平为20.9%,玉米机收水平达25.8%,基本实现了生产全程机械化,大量的新型农业机械迅速走进农户,农业生产方式已步入以机械化为主的新时代。

发展农业机械化的过程很大程度上也是造就高素质职业农民的过程。目前活跃在农村的4 000多万农机手,多数是具有相对较高文化素质的中青年农民。他们懂技术、会操作机械、善于经营,是新兴职业农民的代表,已成为发展现代农业的中坚力量。为了帮助广大农机户及时掌握新型农机具的使用技术知识,提高使用农机具的技术水平,充分发挥农机具的效率,我们组织具有扎实的理论基础和丰富实践经验的中职学校教师和生产一线技术人员,通过调研,精选适用性较强、发展趋势明显、农机部门主要推广的农业机械类型、机型和实用技术,编写本教材。

在章节和内容的安排上,试图打破"重理论、轻实践"的传统教材模式,也试图打破只讲操作、不明道理的"百例"模式,将理论和实践有机地结合起来。

全书共分9个模块,主要内容有:柴油机、小型汽油机、拖拉机、农用电动机等动力机械,耕整地机械、播种施肥机械、植保机械、排灌机械和收获机械等农田作业机械。

本教材由张智华主编,兰俊田担任副主编。具体分工如下:张智华编写第6模块,兰俊田编写第5、9模块,管丛江编写第1、3模块,徐俊伟编写第4、7

模块，贺雄编写第2模块，褚全礼编写第8模块。本教材由张智华统稿，山西农业大学崔清亮教授审稿。教材编写过程中参阅了有关文献和资料，得到了编者所在单位的大力支持和帮助，特别是山西省农机局张振国高级工程师的大力帮助，在此表示诚挚的谢意。由于时间仓促和编者水平有限，教材中难免存在不足之处，恳请读者批评指正。

编 者

2012年3月

目　录

第三版前言
第一版前言
第二版前言

模块1　柴油机 ……………………………………………………………………… 1

1.1　柴油机概述 …………………………………………………………………… 1
1.1.1　柴油机的应用 ………………………………………………………… 1
1.1.2　柴油机的分类 ………………………………………………………… 1
1.1.3　柴油机的型号编制 …………………………………………………… 2
1.1.4　名词术语 ……………………………………………………………… 2
1.1.5　性能指标 ……………………………………………………………… 3

1.2　柴油机的工作过程 …………………………………………………………… 4
1.2.1　单缸柴油机的工作过程 ……………………………………………… 4
1.2.2　多缸柴油机的工作过程 ……………………………………………… 5

1.3　柴油机的基本构造 …………………………………………………………… 6
1.3.1　曲柄连杆机构 ………………………………………………………… 6
1.3.2　配气机构 ……………………………………………………………… 9
1.3.3　燃油供给系统 ………………………………………………………… 10
1.3.4　润滑系统 ……………………………………………………………… 12
1.3.5　冷却系统 ……………………………………………………………… 14
1.3.6　启动系统 ……………………………………………………………… 15

实训1.1　柴油机的检查和调整 ………………………………………………… 16
实训1.2　柴油机的使用 ………………………………………………………… 18
实训1.3　柴油机的维护 ………………………………………………………… 20
实训1.4　油料的使用 …………………………………………………………… 22

模块2　小型汽油机 ……………………………………………………………… 28

2.1　小型汽油机概述 ……………………………………………………………… 28
2.1.1　汽油机的概念及组成 ………………………………………………… 28
2.1.2　汽油机工作过程 ……………………………………………………… 28

2.2　汽油机燃料供给系统 ………………………………………………………… 29

  2.2.1 汽油机燃料供给系统的功用和组成 ………………………………………… 29
  2.2.2 化油器的构造及混合气的形成过程 ………………………………………… 30
 2.3 汽油机点火系统 …………………………………………………………………… 31
  2.3.1 点火系统的功用和类型 …………………………………………………… 31
  2.3.2 磁电机点火系统的组成及工作过程 ………………………………………… 31
 实训 2.1 小型汽油机的使用与维护 …………………………………………………… 32
 实训 2.2 火花塞使用与维护 …………………………………………………………… 33
 实训 2.3 怠速检查与调整 ……………………………………………………………… 34

模块 3 拖拉机 ……………………………………………………………………………… 35

 3.1 拖拉机概述 ………………………………………………………………………… 35
  3.1.1 农用拖拉机的分类 ………………………………………………………… 35
  3.1.2 国产拖拉机的型号编制规则 ……………………………………………… 35
 3.2 拖拉机的传动系统 ………………………………………………………………… 36
  3.2.1 传动系统的组成及动力传动路线 ………………………………………… 36
  3.2.2 传动系统的主要部件 ……………………………………………………… 37
 3.3 拖拉机的行走系统 ………………………………………………………………… 40
  3.3.1 拖拉机行走系统的特点 …………………………………………………… 40
  3.3.2 拖拉机行走系统的组成 …………………………………………………… 41
 3.4 拖拉机的转向系统 ………………………………………………………………… 41
  3.4.1 轮式拖拉机转向系统的组成及转向过程 ………………………………… 41
  3.4.2 手扶拖拉机转向系统的组成及转向过程 ………………………………… 43
 3.5 拖拉机的制动系统 ………………………………………………………………… 43
  3.5.1 制动系统的组成 …………………………………………………………… 43
  3.5.2 几种拖拉机的制动系统 …………………………………………………… 43
  3.5.3 拖拉机挂车的制动 ………………………………………………………… 44
 3.6 拖拉机的工作装置 ………………………………………………………………… 45
  3.6.1 动力输出装置 ……………………………………………………………… 45
  3.6.2 牵引装置 …………………………………………………………………… 46
  3.6.3 液压悬挂装置 ……………………………………………………………… 47
 实训 3.1 拖拉机的检查与调整 ………………………………………………………… 47
 实训 3.2 拖拉机的驾驶 ………………………………………………………………… 48
 实训 3.3 拖拉机液压悬挂装置的使用与调整 ………………………………………… 51
 实训 3.4 拖拉机的班次保养 …………………………………………………………… 52

模块 4 农用电动机 …………………………………………………………………………… 53

 4.1 电动机概述 ………………………………………………………………………… 53
 4.2 异步电动机的基本组成及工作过程 ……………………………………………… 53
  4.2.1 三相异步电动机的基本结构与工作原理 ………………………………… 53
  4.2.2 单相异步电动机的基本结构 ……………………………………………… 56
 4.3 异步电动机的铭牌 ………………………………………………………………… 57

实训 4.1　电动机的选择 …………………………………………………………………… 60
　　实训 4.2　电动机的使用与维护 …………………………………………………………… 61
　　实训 4.3　电动机的定期维修 ……………………………………………………………… 63

模块 5　耕整地机械 ……………………………………………………………………………… 65

5.1　耕整地机械作业要求 …………………………………………………………………… 65
　　5.1.1　耕地作业的一般要求 …………………………………………………………… 65
　　5.1.2　整地作业的一般要求 …………………………………………………………… 65
5.2　铧式犁 …………………………………………………………………………………… 65
　　5.2.1　铧式犁的特点及分类 …………………………………………………………… 65
　　5.2.2　铧式犁的基本构造 ……………………………………………………………… 66
5.3　双向犁 …………………………………………………………………………………… 67
　　5.3.1　双向犁的类型 …………………………………………………………………… 67
　　5.3.2　双向犁的基本构造 ……………………………………………………………… 67
5.4　旋耕机 …………………………………………………………………………………… 68
　　5.4.1　旋耕机概述 ……………………………………………………………………… 68
　　5.4.2　旋耕机的一般构造 ……………………………………………………………… 68
5.5　圆盘耙 …………………………………………………………………………………… 69
　　5.5.1　圆盘耙的类型 …………………………………………………………………… 69
　　5.5.2　圆盘耙的结构 …………………………………………………………………… 70
　　实训 5.1　铧式犁的田间作业 ……………………………………………………………… 70
　　实训 5.2　悬挂铧式犁的使用与调整 ……………………………………………………… 73
　　实训 5.3　牵引铧式犁的使用与调整 ……………………………………………………… 76
　　实训 5.4　铧式犁的技术保养 ……………………………………………………………… 77
　　实训 5.5　双向犁的使用与维护 …………………………………………………………… 78
　　实训 5.6　耕地作业质量的检查 …………………………………………………………… 80
　　实训 5.7　整地作业质量的检查 …………………………………………………………… 80
　　实训 5.8　旋耕机的安装与调整 …………………………………………………………… 80
　　实训 5.9　旋耕机作业注意事项 …………………………………………………………… 82
　　实训 5.10　旋耕机的维护保养与常见故障排除 ………………………………………… 83
　　实训 5.11　圆盘耙的安装与调整 ………………………………………………………… 84
　　实训 5.12　圆盘耙的作业 ………………………………………………………………… 86
　　实训 5.13　圆盘耙的维护保养与常见故障排除 ………………………………………… 86

模块 6　播种施肥机械 …………………………………………………………………………… 88

6.1　播种施肥作业的技术要求 ……………………………………………………………… 88
　　6.1.1　播种作业要求 …………………………………………………………………… 88
　　6.1.2　肥料特性及施肥技术要求 ……………………………………………………… 88
6.2　播种机 …………………………………………………………………………………… 89
　　6.2.1　播种机的分类 …………………………………………………………………… 89

  6.2.2 谷物条播机 ·· 89
  6.2.3 精密（点、穴）播种机 ·· 90
  6.2.4 排种器 ·· 90
  6.2.5 开沟器 ·· 93
 6.3 插秧机 ··· 93
  6.3.1 水稻插秧机的分类 ·· 93
  6.3.2 水稻插秧机的结构 ·· 94
  6.3.3 水稻插秧机的工作过程 ·· 94
  6.3.4 水稻插秧机对农艺的要求 ··· 95
 实训 6.1 播种作业前的准备工作 ··· 95
 实训 6.2 播种机组的挂接与调整 ··· 96
 实训 6.3 播种机的使用与维护 ·· 98
 实训 6.4 播种质量的检查 ·· 99

模块 7 植保机械 ·· 101

 7.1 植保机械概述 ·· 101
  7.1.1 植保机械的分类 ·· 101
  7.1.2 植保机械的农艺技术要求 ··· 101
  7.1.3 植保机械技术发展趋势 ·· 102
 7.2 背负式机动喷雾喷粉机 ··· 103
  7.2.1 背负式机动喷雾喷粉机的结构 ··· 103
  7.2.2 背负式喷雾喷粉机的工作过程 ··· 106
 7.3 担架式喷雾机 ·· 107
  7.3.1 典型担架式喷雾机的基本构造 ··· 107
  7.3.2 担架式喷雾机的工作原理 ··· 108
 实训 7.1 背负式机动喷雾喷粉机的使用 ·· 109
 实训 7.2 背负式机动喷雾喷粉机的维护保养和故障排除 ······································ 110
 实训 7.3 担架式喷雾机的使用 ··· 111
 实训 7.4 担架式喷雾机的技术保养及维护 ··· 112

模块 8 排灌机械 ·· 114

 8.1 排灌机械概述 ·· 114
  8.1.1 灌溉的种类 ··· 114
  8.1.2 水泵的种类和特点 ·· 114
 8.2 离心泵 ··· 115
  8.2.1 离心泵的构造和工作原理 ··· 115
  8.2.2 水泵的性能 ··· 117
  8.2.3 水泵组 ··· 118
 8.3 潜水电泵 ·· 119
 8.4 喷灌技术 ·· 120
  8.4.1 喷灌概述 ·· 120

  8.4.2 喷灌机的种类 ……………………………………………………………… 121
  8.4.3 喷头 ………………………………………………………………………… 122
  8.4.4 喷灌系统使用 …………………………………………………………… 123
 8.5 滴灌技术 …………………………………………………………………………… 123
 8.6 低压管道输水技术 ………………………………………………………………… 125
 实训 8.1 水泵的选型配套 ……………………………………………………………… 126
 实训 8.2 水泵的安装和使用维护 ……………………………………………………… 127
 实训 8.3 排灌机械停运期间的保管 …………………………………………………… 128

模块 9 收获机械 ……………………………………………………………………… 130

 9.1 作物收获概述 ……………………………………………………………………… 130
  9.1.1 作物收获方法 …………………………………………………………… 130
  9.1.2 收获作业的一般要求 …………………………………………………… 130
  9.1.3 收获机械的分类 ………………………………………………………… 131
  9.1.4 联合收获机的特点 ……………………………………………………… 131
 9.2 稻麦联合收获机械 ………………………………………………………………… 132
  9.2.1 稻麦联合收获机的基本构造 …………………………………………… 132
  9.2.2 稻麦联合收获机的工作过程 …………………………………………… 134
 9.3 玉米联合收获机 …………………………………………………………………… 135
  9.3.1 玉米联合收获机概述 …………………………………………………… 135
  9.3.2 自走式玉米联合收获机的基本结构 …………………………………… 139
  9.3.3 自走式玉米联合收获机的工作过程 …………………………………… 140
 实训 9.1 稻麦联合收获机的调整 ……………………………………………………… 141
 实训 9.2 稻麦联合收获机的使用 ……………………………………………………… 144
 实训 9.3 自走式玉米联合收获机的调整 ……………………………………………… 146
 实训 9.4 自走式玉米联合收获机的使用 ……………………………………………… 152

参考文献 …………………………………………………………………………………… 156

模块1 柴油机

构建新发展格局，
推动高质量发展

【内容提要】

随着现代农业的发展，柴油机在农业生产、运输等领域中的作用越来越大。掌握柴油机的结构、工作原理及使用知识和技能对合理选购、科学使用、正确保养维护柴油机有着极其重要的意义。

本模块主要介绍柴油机的工作原理、基本构造、使用保养、调整维护等基本知识。

通过本模块的学习，怀揣制造强国梦，为柴油机高质量发展贡献自己的力量。

【基本知识】

1.1 柴油机概述

1.1.1 柴油机的应用

柴油机是现代农业生产所必备的动力机械。在农业生产中固定式的柴油机常用于排灌、脱粒、发电、农副产品加工等作业。移动式柴油机常用于整地、播种、中耕、喷雾、施肥、收割等田间作业，同时还可承担农田基本建设中的挖掘、推土、铲运、平整、开沟和农用运输等工作。

1.1.2 柴油机的分类

柴油发动机种类繁多，可以按照其用途和结构分类，分类如下：

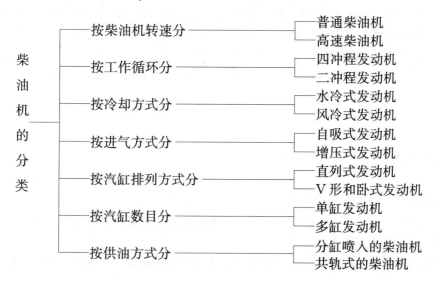

1.1.3 柴油机的型号编制

为了便于柴油机的生产管理和使用，我国颁布了内燃机国家标准（GB/T 725—2008）。该标准规定内燃机名称按所采用的燃料命名，型号由阿拉伯数字和汉语拼音字母组成。

内燃机型号（图1-1）由下列四部分组成：

（1）第一部分。由制造商代号或系列符号组成。本部分代号由制造商根据需要选择相应1~3位字母表示。

（2）第二部分。由汽缸数、汽缸布置型式符号、行程型式符号、缸径符号组成。

（3）第三部分。由结构特征和用途特征符号组成，以字母表示。

（4）第四部分。为区分符号。同一系列产品因改进等原因需要区分时，由制造厂选用适当符号表示。

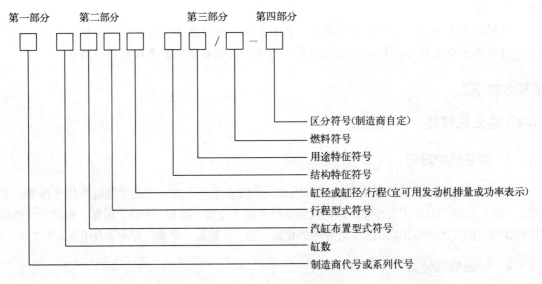

图1-1 内燃机型号表示方法

例如：R175A表示单缸、四行程、缸径75 mm、通用型（R为172产品的换代产品，A为系列产品改进的区分符号）柴油机。495T表示四缸、直列、四行程、缸径95 mm、冷却液冷却、拖拉机用柴油机。4120F表示四缸、四行程、缸径120 mm、风冷、通用型柴油机。YZ6102Q表示扬州柴油机厂制造、六缸直列、四行程、缸径102 mm、冷却液冷却、车用柴油机。

1.1.4 名词术语

发动机的构造简图如图1-2所示。

（1）上止点。指活塞在汽缸内运动，其活塞顶部到达最高点处的位置，称为上止点。即活塞顶部距离曲轴回转中心最远处。

（2）下止点。指活塞在汽缸内运动，其活塞顶部到达最低点处的位置，称为下止点。即活塞顶部距离曲轴的回转中心最近处。

（3）活塞行程。活塞在汽缸内运动，其上、下止点间的距离，称为活塞行程，用S来表示。

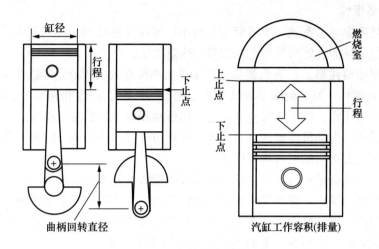

图 1-2 发动机构造简图

（4）曲柄半径。曲轴连杆轴颈的轴心线到主轴颈轴心线的距离，称为曲柄半径，用 R 来表示。活塞行程的大小取决于曲柄半径，其关系为：活塞行程 S 等于曲柄半径 R 的 2 倍，即 $S=2R$。

（5）燃烧室容积。活塞在上止点时，活塞顶上方空间的容积，称为燃烧室容积，用 V_c 表示。

（6）汽缸总容积。活塞在下止点时，活塞顶上方空间的容积，称为汽缸总容积，用 V_a 表示。

（7）汽缸工作容积。活塞从上止点移动到下止点或由下止点移动到上止点过程中活塞所扫过空间的容积，用 V_h 表示。

（8）压缩比。汽缸总容积与燃烧室容积的比值，用 ε 表示，$ε=V_a/V_c$。压缩比是表示汽缸内气体被压缩程度的指标。压缩比越大，压缩终了时，汽缸内的气体压力越大，温度越高。

（9）内燃机排量。多缸机工作容积之和称为排量，用 V_L 表示，$V_L=iV_h$，i 为汽缸数。

（10）工作循环。内燃机每完成一个吸气、压缩、做功和排气工作过程，称为完成一个工作循环。

（11）二行程内燃机。曲轴每转一圈完成一个工作循环的内燃机。

（12）四行程内燃机。曲轴每转两圈完成一个工作循环的内燃机。

（13）工况。工况指内燃机在某一时刻的工作状况。一般用内燃机的转速和负荷来表示。

1.1.5 性能指标

1. 动力性能指标

（1）有效功率 N_e。柴油发动机所输出的功率为有效功率 N_e。

（2）有效扭矩 M_e。柴油发动机工作时，由功率输出轴输出的扭矩称为有效扭矩 M_e。

（3）平均有效压力 P_e。柴油发动机单位汽缸工作容积输出的有效功，称为平均有效压力 P_e。

2. 经济性能指标

（1）有效热效率 η_e。有效功不可能完全输出，即在传递过程中不可避免产生机械损失。有效热效率是指循环的有效功与所消耗燃料的热量之比。

（2）有效燃油消耗率 g_e。有效燃油消耗率是指单位有效功所消耗的燃油量。

3. 其他性能指标 发动机除要求具有良好的动力性、经济性和较高的强度外，还必须具有较好的排气清净性、较低的噪声度、较小的振动和可靠的低温启动性。

（1）排气品质。发动机排放的有害气体会对周边环境形成污染，危害人类健康与动植物生长，世界各国都有严格的尾气排放标准。

（2）噪声。发动机噪声污染对人的生活及环境的影响较大，已成为一种环境公害，必须严格控制。发动机的噪声主要由气体噪声、燃烧噪声和机械噪声三部分组成。

（3）启动性能。发动机的启动性能是其质量的重要考核指标之一，尤其是对柴油机。我国有关标准规定，在不采用特殊低温启动措施的条件下，柴油机在 −5 ℃以下的气温环境，接通启动机 15 s 时间内，发动机应能顺利启动，自行运转。

1.2 柴油机的工作过程

为使发动机产生动力，必须先将燃料和空气供入汽缸，经燃烧产生热能，以气体为工作介质推动活塞，通过连杆使曲轴旋转，使热能转化为机械能，最后将燃烧后的废气排出汽缸。至此，发动机完成一个工作循环。此循环周而复始地进行，发动机便产生连续的动力。

1.2.1 单缸柴油机的工作过程

单缸柴油机的工作过程为进气行程、压缩行程、做功行程和排气行程四个工作过程，如图1-3所示。

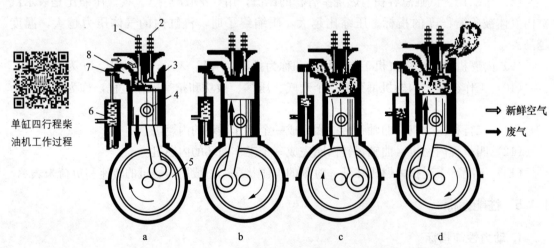

图 1-3 四行程柴油机工作原理图
1.喷油器 2.排气门 3.进气门 4.汽缸 5.喷油泵 6.活塞 7.连杆 8.曲轴

（1）进气行程。如图 1-3a 所示，曲轴旋转带动活塞从上止点向下止点运动。此时配气机构进气门打开，排气门关闭。随着活塞下移，汽缸内容积增大，压力降低而形成真空，将外界新鲜空气吸入汽缸。当活塞达到下止点时,进气行程结束。

(2) 压缩行程。如图1-3b所示,曲轴继续旋转,带动活塞从下止点向上止点运动。此时进气门、排气门均关闭。缸内的气体受到压缩体积变小,压力和温度不断升高。压缩终了时压力为2.9~4.9 MPa,温度为500~700 ℃。

(3) 做功行程。如图1-3c所示,压缩行程末,喷油泵将高压柴油通过喷油器以雾化状态喷入汽缸,在很短的时间内,雾状柴油汽化并与空气混合,在汽缸内形成可燃混合气。由于此时缸内温度远高于柴油的自燃温度,致使柴油立即着火燃烧,且此后一段时间内喷油器保持喷油,汽缸内压力急剧上升为6~9 MPa,温度上升为1 500~2 000 ℃。

(4) 排气行程。如图1-3d所示,在飞轮惯性作用下,曲轴继续旋转,活塞由下止点向上止点运动,此时排气门打开,进气门依然关闭,因废气压力高于大气压力而自动排出。此外,当活塞上移时,靠活塞的推挤作用强制排气。活塞到上止点附近时,排气行程结束。终了时压力为0.105~0.115 MPa,温度为630~930 ℃。

排气结束后,曲轴继续旋转,活塞从上止点向下止点运动,开始下一循环的进气行程。柴油机每完成进气、压缩、做功、排气四个过程为完成一个工作循环。柴油机完成一个工作循环活塞要移动四个行程,故称四行程柴油机。

1.2.2 多缸柴油机的工作过程

四行程柴油发动机工作循环中,只有一个做功行程,进气、压缩、排气行程都要消耗功,故在工作中转速不均,运动部件承受变载荷,可能造成零部件磨损乃至破坏。为提高转速的均匀性和增大功率,通常采用多缸结构。

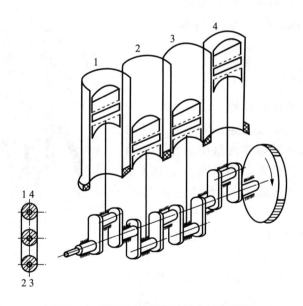

图1-4 四缸四行程柴油机曲轴布置图
1. 第一缸 2. 第二缸 3. 第三缸 4. 第四缸

多缸内燃机具有两个或两个以上的汽缸,各缸活塞连杆连接在同一根曲轴上。各缸均按进气、压缩、做功、排气顺序完成循环。曲轴每旋转两周,各缸均完成一个工作循环。为保

证转速均匀,各缸做功行程应均匀地分布在720°曲轴转角内。以四缸四行程柴油发动机为例:

(1) 四缸四行程柴油发动机曲轴布置如图1-4所示。

(2) 各缸做功行程的间隔角为$\phi=720°/4=180°$。

(3) 四缸柴油机工作顺序常采用1-3-4-2(或1-2-4-3)。即第一缸做功后,紧接着是第三缸做功,再接着是第四缸做功,最后是第二缸做功。

(4) 四缸四行程柴油发动机工作过程见表1-1。

表1-1 四缸四行程内燃机的工作过程

曲轴转角	工作顺序 1-3-4-2			
	1缸	2缸	3缸	4缸
0°~180°	做功	排气	压缩	吸气
180°~360°	排气	吸气	做功	压缩
360°~540°	吸气	压缩	排气	做功
540°~720°	压缩	做功	吸气	排气

1.3 柴油机的基本构造

同一类型的发动机,其具体构造也有很大差异,但基本构造是一致的,都是由曲柄连杆机构、配气机构、供给系统、润滑系统、冷却系统、启动系统等组成。柴油机结构如图1-5所示。

1.3.1 曲柄连杆机构

曲柄连杆机构主要由机体组、活塞连杆组和曲轴飞轮组组成。它是柴油机运动和动力传递的核心,即通过连杆实现活塞在汽缸中的往复运动与曲轴旋转运动的有机联系,将活塞的推力转变为曲轴的转矩,达到运动和动力输出的最终目的。

1. 机体组 机体组由汽缸体、汽缸套、汽缸垫、汽缸盖和油底壳等主要零件组成。将这些零件用螺栓、螺母连接成一个刚性骨架,构成内燃机的总成基础部分,其他的机构和系统装在其内部或外部构成内燃机总成。

(1) 汽缸体。汽缸体与曲轴箱制成一体统称为机体,机体内根据汽缸数加工有垂直孔,用于安装汽缸套。汽缸体与汽缸套形成冷却内燃机的冷却水套。

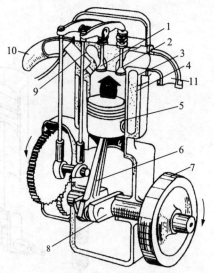

图1-5 柴油机结构简图
1. 进气门 2. 排气门 3. 汽缸盖
4. 汽缸体 5. 活塞 6. 连杆
7. 飞轮 8. 曲轴 9. 喷油器
10. 进气管 11. 排气管

（2）汽缸盖与汽缸垫。汽缸盖一般由合金铸铁或铝合金铸成，其主要功用是封闭汽缸上部，并与活塞顶部和汽缸壁一起形成燃烧室。汽缸盖内部有与汽缸体相通的冷却水道，并有进、排气门座及气门导管孔和进、排气通道，有燃烧室、喷油器安装孔，上置凸轮轴式发动机的汽缸盖上还制有安装凸轮轴的轴承座等。

汽缸垫的作用是保证燃烧室及汽缸的密封。汽缸垫的材料要有足够的强度和一定的弹性，耐热、耐腐蚀和耐压，以保证在高温高压燃气作用下不易损坏。应用最多的是金属-石棉汽缸盖衬垫，石棉中间夹有金属丝或金属屑，且内夹铁皮或外包铜皮。

（3）油底壳。油底壳的主要作用是贮存机油并封闭曲轴箱。油底壳受力很小，一般采用薄钢板冲压而成，油底壳的形状决定于发动机的总体布置和机油的容量。在有些发动机上，为了加强油底壳内机油的散热，采用了铝合金铸造的油底壳，在壳的底部还铸有相应的散热筋片。有些发动机的油底壳用来代替车辆的纵梁，以实现与前桥和后桥连接。

2. 活塞连杆组 活塞连杆组由活塞、活塞环、活塞销、连杆等机件组成，如图1-6所示。

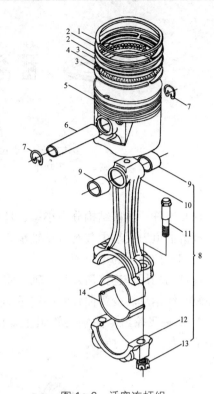

图1-6 活塞连杆组

1、2. 活塞环 3. 油环刮片 4. 油环衬套 5. 活塞
6. 活塞销 7. 活塞销卡环 8. 连杆组
9. 连杆衬套 10. 连杆 11. 连杆螺栓
12. 连杆盖 13. 连杆螺母 14. 连杆轴承

（1）活塞。活塞的功用是承受燃气压力，并通过活塞销、连杆、曲轴和飞轮对外做功；活塞与汽缸、汽缸盖形成燃烧室；吸入、压缩和排出气体，传出部分热量，以及将燃烧产生的热量通过活塞及活塞环传给汽缸壁，达到散热的目的。活塞的构造分为头部、防漏部、裙部和销座部，如图1-7所示。头部的形状与燃烧室有直接关系，随燃烧室形状不同而各异，有平顶、凸顶和凹顶形式。

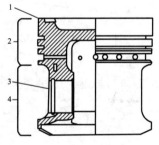

图1-7 活塞结构

1. 活塞顶 2. 活塞头
3. 活塞销座 4. 活塞裙部

（2）活塞环。活塞环是一个具有开口的弹性圆环，一般用优质灰铸铁或合金铸铁制成。活塞环有气环和油环两种。气环的作用是密封和导热；油环的作用是刮油和布油。

油环有整体式油环（图1-8a）和组合式油环（图1-8b）两种形式。普通涨簧油环（图1-8c）由油环体和油环衬簧组成，多用于柴油机。

（3）活塞销。活塞销的功用是把活塞与连杆小端连接在一起，并把活塞的受力传给连杆或将连杆的受力传给活塞。

活塞销具有较高的强度、刚度和耐磨性。为减轻重量、增加抗弯强度，活塞销制成空心

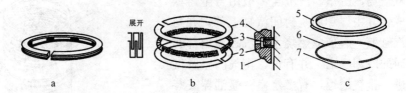

图1-8 油 环
a. 整体式油环（普通） b. 组合式油环 c. 普通涨簧油环
1. 活塞 2. 下刮片 3、6. 衬簧 4. 上刮片 5. 油环体 7. 锁口钢丝

的短管。

（4）连杆。连杆结构分为小端、杆身和大端三部分。一般小端孔中装有铜套，铜套中加工有润滑油道。大端中装有滑动轴承，一般情况下滑动轴承做成两个分开的半圆形轴瓦，轴瓦上有起定位作用的定位槽。

连杆的功用是连接活塞与曲轴，将曲轴的旋转运动转变为活塞的往复直线运动或将活塞的往复直线运动转变为曲轴的旋转运动，并传递动力。

3. 曲轴飞轮组 曲轴飞轮组主要由曲轴、飞轮、皮带轮、正时齿轮（齿形带或链条）等组成，如图1-9所示。

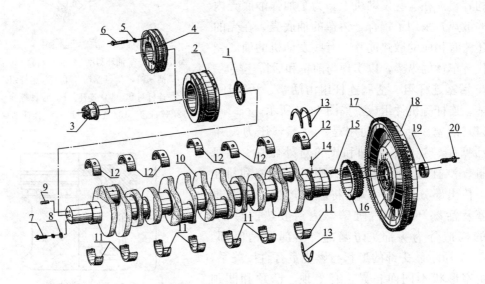

图1-9 曲轴飞轮组
1. 曲轴挡油片 2. 减震器总成 3. 启动爪 4. 前皮带轮 5. 弹簧垫圈 6. 六角头螺栓 7. 减震器螺栓
8. 减震器螺栓垫圈 9. 定位销 10. 曲轴 11. 下主轴瓦 12. 上主轴瓦 13. 止推轴承片
14. 正时齿轮定位销 15. 飞轮定位销 16. 曲轴齿轮 17. 飞轮齿环 18. 飞轮 19. 滚动轴承 20. 飞轮螺栓

（1）曲轴。曲轴一般由主轴颈、连杆轴颈、曲柄、平衡重（目前生产的曲轴大多将曲柄和平衡重制成一体）、前端和后端连接盘部分组成，如图1-10所示。连杆轴颈和它两端的曲柄及相邻两个主轴颈构成一个曲拐。

曲轴的功用是承受连杆传来的力，并将此力转化成曲轴旋转的力矩，通过飞轮输出。另外，还用来驱动发动机的配气机构及其他辅助装置（如发电机、风扇、水泵、机油泵、转向助力油泵等）工作。

曲轴前端是第一道主轴颈之前的部分，该部分装有驱动配气凸轮轴的正时齿轮，驱动风扇和水泵的皮带轮等。曲轴后端连接盘是最后一道主轴颈之后的部分，用来安装飞轮。

（2）飞轮。飞轮是一个转动惯量很大的圆盘，其主要功用是在发动机做功行程中贮存能量，用以在其他行程中克服阻力，带动曲柄连杆机构越过上、下止点。

飞轮外圆上一般刻有上止点、供油始点等记号，如图1-11所示，便于检查调整供油或点火时间及气门间隙时参照。安装飞轮时，不允许改变它与接盘的相对位置，安装面要保持干净、无损伤。飞轮上一般镶有启动齿圈，供启动时与启动机主动齿轮啮合。

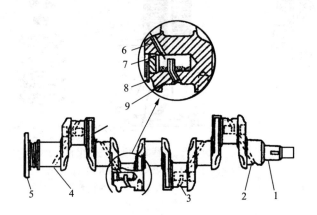

图1-10　四缸柴油机的曲轴
1. 曲轴前端　2. 主轴颈　3. 连杆轴颈　4. 油道
5. 飞轮连接盘　6. 油道　7. 螺塞　8. 开口销　9. 油管

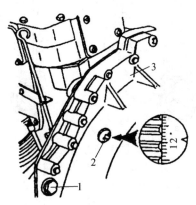

图1-11　发动机发火正时记号
1. 油泵安装标记　2. 上止点标记
3. 飞轮壳体

1.3.2　配气机构

为了保证发动机的工作循环，在吸气行程中进气门应处于开启状态，在压缩和做功行程中，进、排气门均应处于完全关闭状态，在排气行程中排气门应处于开启状态。通过配气机构与曲柄连杆机构的协调工作，完成各汽缸的工作循环。

1. 配气机构组成　配气机构由气门组件和气门传动组件两部分组成，如图1-12所示。

（1）气门组件。气门组件包括进气门、排气门及其附属零件（气门、气门导管、气门弹簧等），用来实现对汽缸的可靠密封，如图1-13所示。

（2）气门传动组件。气门传动组件主要包括凸轮轴及其传动机构、挺柱、推杆和摇臂等零部件。

2. 配气机构的工作过程　气门式配气机构结构多种多样，现在常用的是顶置气门式配气机构，如图1-14所示。

发动机工作时，曲轴通过正时齿轮（图1-15）驱动凸轮轴旋转，当凸轮的凸起部分顶起挺柱时（图1-12a），挺柱推动推杆一起上行，作用于摇臂上的推动力驱使摇臂绕摇臂轴转动，摇臂的另一端压缩气门弹簧使气门下行，打开气门。随着凸轮轴的继续转动，当凸轮的凸起部分转过挺柱时（图1-12b），气门便在气门弹簧张力的作用下上行，关闭气门。

3. 气门间隙 发动机工作中，气门及其传动件因温度升高而膨胀。如果气门及其传动件之间，在冷态时无间隙或间隙过小，则在热态下，气门及其传动件受热膨胀势必引起气门关闭不严，造成发动机在压缩和做功行程中的漏气，使发动机功率下降。为了消除上述现象，通常在发动机冷态装配时，在气门及其传动机构中留有适当的间隙，以补偿气门受热后的膨胀量，这一预留间隙称为气门间隙，如图1-16所示。

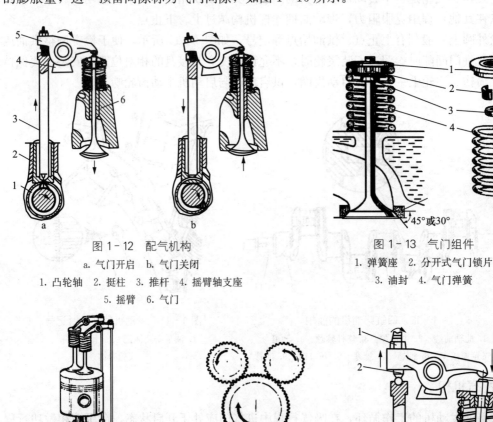

图1-12 配气机构
a. 气门开启 b. 气门关闭
1. 凸轮轴 2. 挺柱 3. 推杆 4. 摇臂轴支座
5. 摇臂 6. 气门

图1-13 气门组件
1. 弹簧座 2. 分开式气门锁片
3. 油封 4. 气门弹簧

图1-14 顶置气门式配气机构　图1-15 正时齿轮传动　图1-16 气门间隙
1. 锁紧螺母 2. 调整螺钉

1.3.3 燃油供给系统

柴油机使用的燃料是柴油，柴油黏度大，蒸发性差，不具备在汽缸外部与空气形成均匀混合气的条件，故采用高压喷射，在压缩行程接近终了时把柴油喷入汽缸，并与汽缸内的高温、高压的空气形成混合气自行着火燃烧。

1. 供给系统的组成 柴油机燃料供给系统一般由柴油箱、油管、输油泵、柴油滤清器、喷油泵、调速器和喷油器等组成，如图1-17所示。

（1）喷油泵。喷油泵即高压油泵（简称油泵），一般和调速器连成一体，其作用是使燃

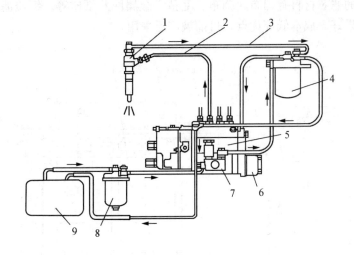

图 1-17 柴油机供给系统的组成示意图

1. 喷油器 2. 高压油管 3. 回油管 4. 柴油细滤清器 5. 喷油泵
6. 供油提前自动调节器 7. 输油泵 8. 柴油粗滤清器 9. 柴油箱

油通过喷油泵形成高压，根据柴油机各种工况的要求，定时、定量、定压地将高压燃油送至喷油器，然后经喷油器喷入燃烧室。

（2）喷油器。喷油器的作用是将喷油泵供给的高压柴油以一定的压力、速度和方向喷入燃烧室，雾化成细粒分布在燃烧室中，形成可燃混合气。

常用的闭式喷油器有孔式喷油器（图1-18）和轴针式喷油器（图1-19）两种。孔式喷油器多用于直接喷射式燃烧室，轴针式喷油器主要用于分隔式燃烧室。

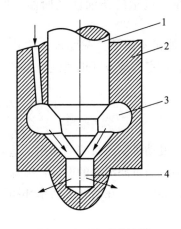

图 1-18 孔式喷油嘴
1. 针阀 2. 针阀体 3. 高压油腔 4. 压力室

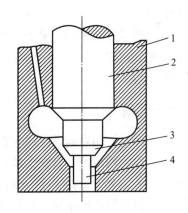

图 1-19 轴针式喷油器
1. 针阀 2. 针阀体 3. 密封锥面 4. 轴针

（3）柴油滤清器。为保证喷油泵和喷油器可靠地工作，延长使用寿命，除使用前将柴油严格沉淀过滤外，在柴油机供油系统中还采用滤清器，滤除柴油中的机械杂质和水分。

柴油滤清器有两种形式：一种为单级纸质滤清器（图1-20a），另一种为双级旋装式滤清器（图1-20b）。

柴油滤清器的滤芯材料有棉布、绸布、毛毡、金属网及纸质等。纸质滤芯具有流量大、阻力小、滤清效果好、成本低等优点，目前被广泛采用。

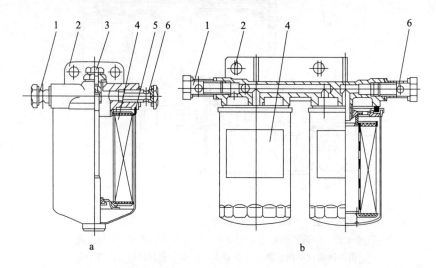

图1-20 柴油滤清器
a. 单级纸质滤清器 b. 双级旋装式滤清器
1. 进油接头 2. 底座 3. 放气螺钉 4. 滤芯 5. 壳体 6. 出油接头

2. 柴油机供给系统的工作过程 柴油机在工作过程中，依靠输油泵的作用不断地将油箱中的柴油吸出，经柴油滤清器滤去杂质后，输入喷油泵的低压油腔，通过柱塞和出油阀将燃油压力提高，经高压油管输送到喷油器，燃油呈雾状喷入燃烧室，在燃烧室内形成混合气。由于输油泵的供油量大于喷油泵所需供油量，过量的柴油便经回油管回到滤清器或油箱。

柴油机供给系统的作用是贮存、滤清柴油，根据柴油机不同的工况要求，按其工作顺序，定时、定量、定压并以一定的喷油质量将柴油喷入燃烧室，与空气迅速混合燃烧，再将燃烧后的废气排入大气。

1.3.4 润滑系统

发动机工作时，相对运动部件表面之间必然有摩擦。发动机润滑系统的功用就是向各摩擦表面提供干净的润滑油，以减少摩擦损失和零件的磨损；通过润滑油的循环，冷却和净化摩擦表面；润滑油膜附着在零件表面，能防止零件的氧化和腐蚀；在活塞、活塞环和汽缸壁之间形成的润滑油膜，可增强汽缸的密封性。

1. 润滑系统的组成 润滑系统的组成主要包括油底壳、机油泵、限压阀及旁通阀、机油滤清器、机油冷却器、机油压力表、温度表和机油尺，此外，发动机润滑系统还包括部分油管和在发动机机体上加工出的油道等。

（1）机油泵。机油泵一般由凸轮轴驱动，将一定量的机油建立起压力并输送到各摩擦表面。机油泵一般采用齿轮泵（图1-21）。齿轮泵主要由机油泵体、泵盖、集滤器、限压阀、主动齿轮和被动齿轮组成，其工作原理如图1-22所示。

外啮合齿轮式机油泵工作原理

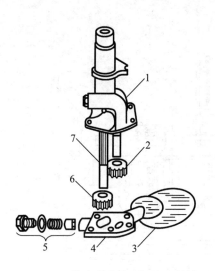

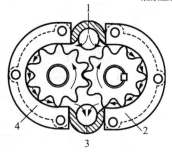

图1-21 外啮合齿轮式机油泵结构
1. 泵体 2. 被动齿轮 3. 滤网 4. 泵盖
5. 限压阀 6. 主动齿轮 7. 驱动轴

图1-22 外啮合齿轮式机油泵工作原理
1. 进油口 2. 主动齿轮
3. 出油口 4. 被动齿轮

（2）机油滤清器。发动机在运转过程中，由于金属磨屑、进入机体的灰尘、水、积炭等将导致润滑油的变化，以及燃烧气体和空气对润滑油的氧化作用，使润滑油变脏，这将加速运动零件的磨损及堵塞油道，造成供油不足而加速机件的磨损和损伤。为了减少或清除杂质，保持机油的清洁，延长机油的使用寿命，在发动机润滑系中均装有机油滤清器。为了保证滤清效果，一般使用多级滤清器，包括集滤器、机油粗滤器（图1-23）和机油细滤器（图1-24）。

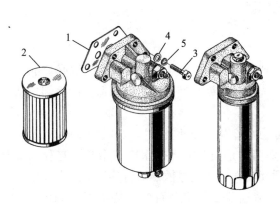

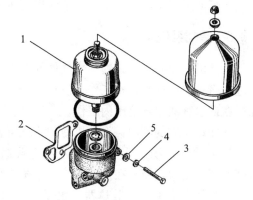

图1-23 机油粗滤器的构造
1. 密封垫 2. 滤芯 3. 六角头螺栓
4. 平垫圈 5. 弹簧垫圈

图1-24 离心式机油细滤器
1. 转子总成 2. 密封垫 3. 六角头螺栓
4. 转型弹簧垫圈 5. 平垫圈

2. 发动机的润滑油路 润滑系统主要由机油泵、机油滤清器、机油冷却器或机油散热器及供油管道等部件组成。柴油机的润滑油路如图1-25所示，机油从油底壳由机油泵经集滤器吸入，分成两路，一路经离心式机油滤清器流回油底壳；另一路经冷却器或散热器冷却后再通过机油滤清器进入主油道润滑各零部件。进入主油道的机油被分别送至各主轴承、连

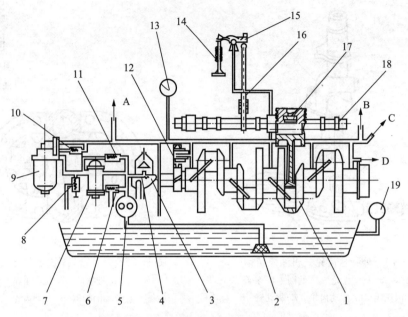

图 1-25 LR100/105 系列柴油机润滑油路

A. 至增压器 B. 至增压活塞冷却喷嘴 C. 至喷油泵 D. 至曲轴后油封

1. 曲轴 2. 集滤器 3. 分流离心式机油滤清器 4. 限压阀 5. 机油泵 6. 机油泵限压阀
7. 机油冷却器 8. 机油滤清器限压阀 9. 机油滤清器 10. 安全阀 11. 机油滤清器旁通阀
12. 正时齿轮 13. 油压表 14. 气门 15. 摇臂 16. 推杆 17. 活塞 18. 凸轮 19. 油温表

杆轴承、凸轮轴轴承。流入中间凸轮轴衬套的一部分机油经汽缸体及汽缸盖上的油孔上行，进入配气机构和气门摇臂轴，汽缸壁、连杆衬套等部位则主要靠飞溅润滑。齿轮室内各转动齿轮、喷油泵及增压器均由主油道流出的机油润滑。

1.3.5 冷却系统

发动机工作时，汽缸内燃烧气体的温度达到 2 000 ℃，如果不对发动机采取必要的冷却措施，将不能保证其正常工作。发动机冷却系统的任务就是使发动机得到适度的冷却，从而保持在最适宜的温度范围内工作。

按冷却介质的不同，发动机冷却系统可分为水冷和风冷两类。

1. 水冷却系统 目前柴油发动机上普遍采用的是强制循环式水冷却系统。它利用水泵提高冷却水压力，使其在发动机冷却系统中循环流动，并通过散热器将热量散入大气中。

水冷却系统主要由散热器、水泵、风扇、节温器、风扇及百叶窗等组成，如图 1-26 所示。

水冷发动机的汽缸盖和汽缸体之间有相互连通的水套。冷却水在水泵的作用下，流经汽缸体及汽缸盖的冷却水套而吸收热量，然后沿水管流入散热器。利用车辆行驶的速度和风扇的强力抽吸，使气流通过散热器，并使流经散热器的高温冷却水的温度下降。冷却后的水流被水泵再次泵入发动机的冷却水套中，如此往复循环，将发动机工作时产生的热量不断带走，保证发动机的正常工作。

为使发动机在低温时减少热量损失、缩短暖机时间，冷却系统中设有调节温度的装置，

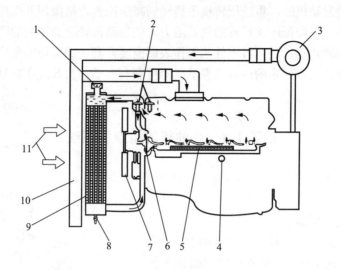

图 1-26　CA6110ZW 柴油机冷却系统循环图
1. 加水口　2. 节温器　3. 增压器　4. 放水开关　5. 机油冷却器　6. 水泵
7. 风扇　8. 放水开关　9. 水箱散热器　10. 中冷器　11. 冷却空气

如节温器、风扇离合器及百叶窗等。

2. 风冷却系　风冷却系是指将发动机中高温零件的热量，通过装在汽缸体和汽缸盖表面的散热片直接散入大气中而进行冷却的一系列装置。风冷却系因冷却效果差、噪声大、功耗大等缺点，仅用于部分小排量及军用汽车发动机。

1.3.6　启动系统

为了使静止的发动机开始进入工作状态，必须先用外力转动发动机的曲轴，使汽缸内吸入可燃混合气，并将其压缩、点燃，混合气燃烧、膨胀产生强大的动力，推动活塞向下运动并带动曲轴旋转，使发动机自动进入工作循环。发动机的曲轴在外力的作用下开始转动，到发动机开始自动怠速运转的全过程，称为发动机的启动过程。

发动机常用的启动方式有人力启动、电力启动机启动、汽油机辅助启动和减压启动等多种形式。

（1）人力启动。即手摇启动或绳拉启动，其结构简单。启动时，只需将启动手柄端头的横销嵌入发动机曲轴前端的启动爪内，摇动手柄即可转动曲轴，使发动机启动。这种启动方式操作不便，目前已经很少使用。

（2）电力启动机启动。以电动机作为动力源，当电动机轴上的驱动齿轮与发动机飞轮上的环齿啮合时，电动机旋转而产生的动力，就通过飞轮传递给发动机的曲轴，使曲轴旋转，发动机启动。电动机以蓄电池为电源，结构简单、操作方便、启动迅速而可靠。目前，拖拉机发动机普遍采用电力启动机启动。

（3）汽油机辅助启动。汽油机启动性能良好，在较低的温度下也能使启动阻力较大的柴油机可靠启动，并可发出较大功率以较长时间带动主机运转，启动次数不受限制。其启动装置体积大、结构复杂，只用于大功率柴油机的启动。

（4）减压启动。部分柴油发动机采用启动减压装置降低启动转矩，提高启动转速，以改善启动性能。启动发动机时，将减压转换手柄转到减压位置，略微顶开气门（气门一般被压下约 1~1.25 mm），以降低压缩行程的初始阻力，使启动机转动曲轴时的阻力减小，从而提高了启动转速。曲轴转动以后，各零件的工作表面温度升高，润滑油的黏度降低，摩擦阻力减小。此后，将手柄扳回原来的位置，发动机即可顺利启动。目前减压启动已经很少使用。

【基本技能】

实训 1.1 柴油机的检查和调整

1. 气门间隙的检查调整 气门间隙调整如图 1-27 所示。

（1）拆下气门室罩盖。

（2）检查并紧固汽缸盖螺栓及摇臂轴支架螺栓。

（3）找一缸压缩上止点。即在摇转曲轴时观察一缸进气门由开到关后，从飞轮检视口观察飞轮上的上止点标记与飞轮壳上的指针是否对准，或观察曲轴减震器上的"0"与指针是否对准。对准时，即为一缸压缩上止点。

（4）按发动机工作顺序 1-3-4-2，以"全、排、空、进"的调整口诀对相应气门进行调整。

（5）摇转曲轴一周至上止点标记，即为四缸压缩上止点，再检查调整另外的四个气门。

（6）摇转曲轴一周，复查先调整的四个气门。

（7）再摇转曲轴一周，复查后调整的四个气门。

（8）安装气门室盖。

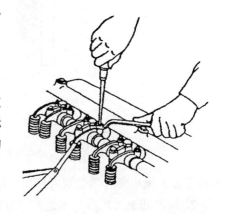

图 1-27 检查调整气门间隙

气门间隙检查与调整

气门间隙的大小一般由发动机制造厂家根据试验确定。一般冷态下，进气门间隙为 0.25~0.30 mm，排气门间隙为 0.30~0.35 mm。间隙过小，发动机在热态下可能会发生漏气现象，导致功率下降，甚至烧损气门；间隙过大，传动零件之间将产生撞击，噪声增大，且使气门开启持续时间减少，导致进气量减少和排气不彻底。

2. 喷油器的检查与调整 为了保证柴油机正常工作和延长使用寿命，应将喷油器的喷油压力保持在规定范围内。喷油器的检查（图 1-28），包括喷油压力和雾化质量两项内容，通常是由专业人员在专用的喷油器试验台进行检查。

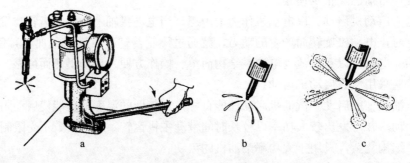

图 1-28 检查喷油器喷雾质量

(1) 喷油压力检查。检查时，将喷油器安装在试验台上，均匀缓慢地压泵油手柄，在喷油器开始喷油时观察压力表的读数是否符合规定。若不符，则可拧动调整螺钉，直至达到符合规范值为止。

(2) 喷雾质量检查。检查喷油器应在专用的试验台上进行。当以 30 次/min 的速度泵油时，在压力为 22~23 MPa 时，喷雾要均匀，断油要彻底，并听到特殊的清脆响声。同时观察喷油器喷嘴喷出的油束是否符合以下要求：

① 油束呈细雾状、无油滴出现。
② 无偏射和散射。
③ 断油干脆、利落，声音清脆。
④ 多次喷射后喷嘴喷口处无油滴。

(3) 喷雾锥角的检查。用一涂有薄层润滑脂的细目铜网或白纸，平放在喷油器下方距喷嘴喷口 200 mm 处，检查在其上喷油后的痕迹，其痕迹应基本为圆形或圆环形。

在检查喷油器时要注意各缸喷油器不能相互调换，以保证喷油器尖端伸出汽缸盖底平面在允许范围内。换新的喷油器需用钢垫调整伸出高度。喷油器偶件的阀体与针阀必须按原状配对装配，不能互换。

3. 润滑系统的检查与调整

(1) 曲轴通风装置的检查。柴油机在运转中，应随时注意观察曲轴箱通风装置的工作情况，发现不正常现象应及时排除。

(2) 机油压力的检查与调整。柴油机在运行中，应经常注意查看机油压力指示器和压力表指示的变化，必要时予以调整。

对于装有机油压力指示器的柴油机，应及时注意机油压力指示器所反映的润滑油路的工作情况，当红色指示杆头完全升起时，机油泵的供油压力为 200~300 GPa，当红色指示杆头降到最低位置时，油泵的供油压力低于 70 GPa，若红色指示杆头不能升起或忽升忽降，则应及时熄火，并检查和排除故障。对装有机油压力表的柴油机，则应随时注意观察压力表指针所示机油压力。

柴油机在工作时，若出现机油压力低于规定值，应检查其原因。若经检查表明是因调压阀弹簧变弱所致，则可通过调整调压阀弹簧预紧力或更换弹簧使其恢复正常。其操作步骤是：待柴油机工作到正常温度后，逐步把其转速提高到额定转速，然后调节调压阀调整螺钉，拧进调整螺钉，则机油压力升高，反之，则压力降低。调整完后，再重复检查 1~2 次，并在确认无误后，紧固锁紧螺母。注意：柴油机润滑系统中的机油压力，不仅取决于调压阀所调压力，而且还取决于曲轴各轴承的间隙大小及各处的漏油情况，因此在通过调压阀调整机油压力无明显变化时，则不应无限度拧进调压阀调整螺钉，而应检查润滑系统其他部位的技术状态。

4. 风扇皮带张紧力的检查与调整 柴油机冷却系统的风扇皮带若太松，则皮带会打滑，使风扇转速降低，影响冷却效果；若皮带太紧，则会增加水泵轴承的磨损。此外，皮带太松或太紧，都会加速风扇皮带的损坏。

在检查风扇皮带的松紧度时，用拇指以 30~50 N 的力按压风扇皮带的中部位置，皮带压下 10~15 mm 为合适，如图 1-29 所示。在柴油机使用期间，应经常检查风扇皮带的松紧度。若发现松紧度不合乎要求，则应通过改变水泵皮带轮和发电机皮带轮间的距离来调整皮带的松紧度。

5. 喷油泵供油提前角的检查与调整 检查喷油泵供油提前角的周期没有硬性规定。当柴油机的性能变坏时，应首先检查喷油泵的供油提前角。重新安装喷油泵后，也应检查供油提前角，如图1-30所示。

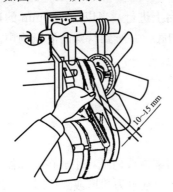
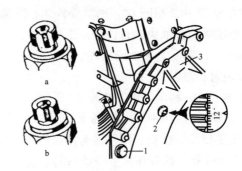

图-29 发动机风扇皮带调节示意图　　图1-30 检查喷油泵供油提前角
　　　　　　　　　　　　　　　　　a. 喷油阀油面无波动　b. 喷油阀油面刚开始上升
　　　　　　　　　　　　　　　　　1. 油泵安装标记　2. 上止点标记　3. 飞轮壳体

（1）供油提前角的检查方法。

① 拆下第一缸喷油泵高压油管。

② 逆时针方向旋转曲轴，同时仔细观察喷油泵出油阀接头油面，油面有波动（即油面刚刚开始上升）时，立即停止转动曲轴。

③ 查看皮带轮端或飞轮壳，观察孔上的指针所指角度是否为规定的供油提前角数值，必要时重复检查一次，如不正确需调整。

（2）供油提前角的调整方法。

① 逆时针旋转曲轴至第一缸上止点前该机型规定的供油提前角数值，并确定是第一缸的压缩上止点。

② 松开提前器端钢片联轴器螺栓，旋转提前器，同时仔细观察第一缸出油阀接头油面，有波动时立即停止转动，并拧紧联轴器螺栓。

③ 旋转曲轴，复查一下供油提前角，方法同前所述。

供油提前角检查（过大）　　供油提前角检查（过小）　　供油提前角检查（正确）

实训1.2　柴油机的使用

1. 柴油机与工作机械的配套 柴油机作为一种动力机械，应与水泵、脱粒机等工作机械的额定功率和额定转速相匹配。否则，不是带不动工作机械，就是浪费动力，甚至损坏机械设备，造成人身事故。

（1）功率匹配。柴油机和工作机械的铭牌上一般都标有额定功率。在实际选购中，所选柴油机应比工作机械的额定功率略大一些,一般取工作机械额定功率的1.1~1.5倍。

(2) 转速匹配。选配动力机时,在考虑功率匹配的同时,也应考虑转速的匹配。额定转速可以通过查看柴油机和工作机的铭牌上额定转速,或产品说明书得到。额定转速相等,即可直接相配。如果额定转速不等,可通过改变柴油机或工作机械皮带轮直径的办法,来满足转速匹配要求。

2. 柴油机的磨合

(1) 磨合前的准备。新购或大修后的柴油机在投入运行之前,应在良好的润滑条件下,转速由低到高、负荷由小到大进行磨合,这能使零件表面逐步研磨光滑,配合更加吻合。同时,通过磨合还能进一步检查柴油机装配质量和技术状态,必要时调整、紧固,以消除故障隐患,延长柴油机使用寿命,提高其动力性、经济性。

① 认真了解随机说明书中有关磨合期的规程,准备好必要的检测和修理工具。

② 仔细检查柴油机各部件是否完好,按规定力矩拧紧外部紧固螺栓。

③ 检查油底壳和空气滤清器油盘内的机油量,不足时添加到规定位置。

④ 加满清洁柴油和冷却水。气温为10 ℃以上地区使用0号轻柴油,10 ℃以下地区使用−10号轻柴油。冷却水需用软水,不能用含矿物质或盐碱的井水等硬水或污水。

⑤ 检查、调整气门间隙和减压阀间隙。

⑥ 在减压状态下摇转柴油机,检查机油压力和曲轴转动情况,要求转动灵活,无阻滞、无异响。

⑦ 将油门置于中油门位置,摇转曲轴,如没有听到喷油器"啪啪"喷油声,油路中可能有空气。此时须拧松喷油泵上进油管螺栓,直到油管流出的柴油不带气泡时再拧紧螺栓。若仍没有听到喷油声,则应拧松喷油器与高压油管的连接螺母,直到高压油管喷出柴油时再拧紧螺母。

(2) 磨合运转。各种柴油机的磨合规范有所不同,新柴油机一般可从出厂产品使用说明书中查知。对于大修后的柴油机,按操作程序正确启动后,先以低、中、高转速顺序空转运行各30 min,以后再以1/3、1/2、2/3负荷顺序运转各5 h,最后以满负荷运转8 h。合计磨合时间约25 h。

磨合期要注意听柴油机有无异常响声,检查油压、水温、排气是否正常,有无漏油、漏水、漏气。如有异常,应及时排除。磨合后,应趁热放掉油底壳中的机油,用清洁柴油清洗油底壳、曲轴箱及机油滤清器,检查并拧紧缸盖、飞轮、连杆等部件紧固螺栓。

3. 柴油机的操作 柴油机启动前,应先按磨合前的准备要领做好各项准备。柴油机的启动方式分手摇启动和电启动。下面以S-195柴油机为例,介绍柴油机的启动、运转和停机。

(1) 启动。将油门置于中油量供应位置,左手按下减压手柄,右手用摇把由慢到快地摇转,当摇到最高转速时,迅速松开减压手柄,右手继续全力摇转,柴油机即可启动。摇把在启动轴斜面的推力作用下自行滑出。此时,右手仍应握紧摇把,以防甩出伤人。

在不易启动的严寒冬季,可预先将80 ℃左右的热水灌入柴油机水箱中,或将机油加热至70 ℃左右注入曲轴箱内,严禁使用明火烘烤的方法启动。

(2) 运转。启动后关小油门,先低速空运转3~5 min,然后逐渐提高转速至额定值并加上负荷。严禁刚启动就加速、加负荷运转。

运转中严禁突然增加或减小转速和负荷，需要增加或减少时应匀速进行。若发出异常响声，应立即停机检查排除。

运转中排气管排出废气的颜色应为无色或淡灰色，若出现黑、白、蓝烟时，应停机检查，分析原因，排除故障。

运转中应经常注意冷却水水位。工作中小型水冷柴油机冷却水沸腾是正常的，不必一见"水开"就加水。对于风冷式柴油机，应保持进、出口风道的畅通和散热片、导风罩等的清洁。

(3) 停机。正常情况下停机时，可逐渐卸去负荷，降低转速运转 3~5 min，然后关闭油门，熄火停机。

紧急情况下停机时，应立即关闭油门，也可打开减压阀门，强制熄火。注意，发生飞车时不可卸掉负荷，以免转速猛增而造成危害。

长时间停机时，应关闭油箱开关，放尽冷却水；摇转曲轴，置活塞于压缩上止点位置，使进、排气门均关闭，以防灰尘进入汽缸；用布将空气滤清器口和消声器口包好，以防杂物落入。

冬季停机时，应在熄火后马上放尽冷却水，以防冻裂机体。在水箱中加了防冻液者除外。

实训1.3 柴油机的维护

正确维护保养柴油机，可延长柴油机的使用寿命，保持柴油机长期可靠工作，降低使用维护成本。因此在日常使用中应严格按照规定进行维护保养。

1. 维护保养项目 保养分磨合期保养和正式投入运行后的技术保养见表 1-2 和表 1-3。

表 1-2 磨合期保养项目

保养级别	序号	保 养 内 容
磨合期保养 (2 000 km 或 40 h)	1	清洗发动机油底壳，更换润滑油
	2	清洗机油收集器滤网
	3	紧固机油泵传动齿轮螺母 (70~80 N·m)
	4	检查主轴承盖螺栓拧紧力矩
	5	检查连杆螺栓拧紧力矩
	6	检查缸盖螺栓拧紧力矩
	7	检查调整气门间隙
	8	清洗柴油与机油滤清器，清除空气滤清器滤芯上的尘土
	9	检查供油提前角
	10	检查风扇皮带张紧度
	11	检查悬置软垫是否有裂纹，螺母是否松动

表1-3 正式投入运行后的技术保养项目

保养级别	序号	保 养 内 容
日常保养	1	检查油底壳内的润滑油油面高度和水箱冷却水水量
	2	检查柴油机水、油及气路各连接处的密封性
	3	做好清洁工作
	4	排除所发现的故障和不正常现象
一级保养 (2 500 km或50 h)	1~4	同日常保养
	5	清洗机油滤清器滤芯
	6	清洗离心式机油滤清器
	7	检查风扇皮带张紧度
	8	清除空气滤清器滤芯上的尘土
	9	向水泵轴承加注润滑脂
二级保养 (8 000 km或150 h)	1~9	同一级保养
	10	更换油底壳及喷油泵内机油,清洗油底壳及机油收集器
	11	更换柴油滤清器滤芯
	12	清洗柴油箱、输油泵滤网和柴油管路
	13	检查并调整气门间隙
	14	检查或调整喷油泵提前角
	15	检查喷油器的喷油压力和雾化质量
	16	更换机油粗滤器滤芯
三级保养 (45 000 km或900 h)	1~16	同二级保养
	17	清洗机油冷却器
	18	检查汽缸盖螺栓、连杆螺栓、主轴承螺栓的紧固情况
	19	根据运行情况确定是否拆卸缸盖,研磨气门
	20	根据运行情况确定是否将喷油泵送专业修理单位调整检查
	21	清除增压器压气机、涡轮壳及转子叶片的积碳

2. 保养说明

(1) 检查柴油机油底壳机油油位。如图1-31所示,检查机油油位,应在柴油机停机后保持水平状态下进行。拉出油标尺用干净抹布擦干后插入到极限位置,然后再次拉出,这时正常油位应在上限和下限刻线中间。如果油位接近下限刻线或低于下限刻线,必须立即加注机油,且尽可能使油位达到上限刻线,如油面超过上限刻线,则应从油底壳螺塞放出多余机油。

新机在磨合运转期机油消耗量较高,每天应检查二次机油油位,经过磨合期后每天检查一次即可。

(2) 保养空气滤清器。空气滤清器的保养周期应根据工作环境的含尘情况决定。环境恶劣的尘土飞扬地区,保养周期应短,反之可适当延长。柴油机排气出现黑烟或功率下降,可能是由于空气滤清器阻塞引起,应考虑保养空气滤清器。当装有堵塞指示器的空气滤清器,指示器信号灯亮时应保养空气滤清器。对装有机械式堵塞指示器的空滤器，则应停车后打开车盖，在柴油机高速运转时观察保养指示器位置。

保养空气滤清器时应先拧下空气滤清器盖上的螺母，打开空气滤清器盖，取出滤芯，将壳体内的尘土清理掉。用手或木棒轻轻敲击滤芯两端，边敲边转动滤芯，将灰尘振落。也可用不大于 600 kPa 的清洁压缩空气从滤芯内侧向外吹，将灰尘除掉。纸质空气滤清器滤芯的保养如图 1-32 所示。如发现滤芯堵塞或破损，应及时更换新滤芯。

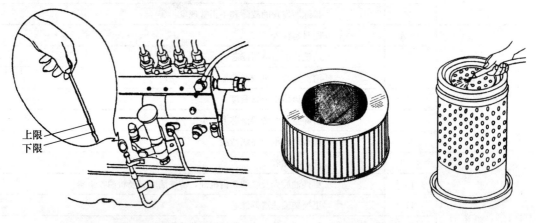

图 1-31 油底壳机油面的检查　　　　图 1-32 纸质空气滤清器滤芯的保养

这里需强调的是不论何种结构的空滤器，其滤芯及空滤器橡胶密封垫、橡胶管等密封部位安装时均必须保证密封，否则未经滤清的尘土将直接进入汽缸，造成缸套和活塞环异常磨损。

（3）向水泵轴承加注润滑脂。在水泵壳体上方装有直通滑脂嘴，可按要求定期用油枪将润滑脂打入水泵轴承。

（4）保养柴油滤清器。柴油滤清器采用纸质滤芯。柴油机工作 150 h 左右需更换滤芯。柴油滤芯不可清洗后再用，也不允许未经滤清器的柴油进入喷油泵。

（5）更换柴油机和喷油泵的机油。定期更换机油对延长柴油机的使用寿命有重大意义，机油使用期限见表 1-4。更换机油应在柴油机热态时进行，因为热的机油更容易带走机油中的杂质。拧出油底壳放油螺塞，放出机油，放完机油后把放油螺塞（最好换用新垫圈）拧紧，再加注新机油。

表 1-4　机油换油期限

燃油含硫量（S）量及环境温度（t）	不同等级机油换油周期（h）		
	CA 级	CC 级	CD 级
S≤0.5%、t≥-10 ℃	200	250	500
S≤0.5%、t 持续低于-10 ℃	100	125	250
S=0.5%~1%	100	125	250

实训 1.4　油料的使用

现代车辆对油品的质量要求十分严格，严格、科学的油品技术管理和使用，可以保持车辆及机械设备技术状况良好，延长其使用寿命，达到高效、节能、安全生产和减少环境污染的目的。农业机械常用的油料品种、牌号很多，用途和使用条件各不相同。

1. 车用汽油的牌号和选用

（1）汽油的规格。常用的汽油分为90号、92号和95号三个牌号。它们具有较高的辛烷值和优良的抗爆性，用于高压缩比的汽油发动机上，可提高发动机的功率，减少燃料消耗量；具有良好的蒸发性和燃烧性，能保证发动机运转平稳，燃烧完全，积碳少；具有较好的安定性，在储运和使用过程中不易出现早期氧化变质，对发动机部件及储油容器无腐蚀性。

（2）汽油的选用。内燃机对燃料的要求十分严格，如果不按规定使用燃料，将对内燃机造成损害。如高压缩比汽油机选用低标号汽油，发动机就会产生爆震，严重会发生气门损坏，活塞烧顶，活塞环断裂等事故。若低压缩比汽油机选用高标号汽油，不仅提高了作业成本，而且对发动机也没有好处。

选用汽油时，主要根据发动机的压缩比。发动机的压缩比愈高，爆震倾向愈大，应选用辛烷值高的汽油。压缩比在8.5～9.5之间的中档轿车一般应使用92号汽油；压缩比大于9.5的发动机应使用95号汽油。

2. 车用柴油的牌号和选用

（1）柴油的规格。根据GB252—2000标准要求，工程及农用柴油机一般用轻柴油作为燃料。轻柴油按凝点可分为10号、5号、0号、－10号、－20号、－35号和－50号等七个牌号。

（2）柴油的选用。柴油的冷凝点与实际使用温度有关，应按柴油冷凝点对照当地当月的最低气温选用，见表1－5。轻柴油的牌号是按凝点划分的，若按凝点选油，凝点要比当月的最低气温低4～6℃，以保证柴油在最低气温时不致凝固。

表1－5　各种牌号柴油的适应范围

柴油牌号	适用机型或地区
10号柴油	有预热设备的柴油机
5号柴油	最低气温在8℃以上的地区
0号柴油	最低温度在4℃以上的地区
－10号柴油	最低气温为－5℃以上的地区
－20号柴油	最低气温为－5～14℃的地区
－35号柴油	最低气温为－14～29℃的地区

（3）柴油使用注意事项。

① 不同牌号的柴油可以掺兑使用，以降低高凝点柴油的凝点温度。例如－10号和－20号的柴油按各50%掺兑后，其凝点在－13～14℃之间。另外，还可在柴油中掺入10%～40%的裂化煤油，以降低凝点。掺兑后应注意搅拌均匀。

② 柴油不能与汽油混合使用。因为汽油的自燃温度比柴油的高，且发火性能差。混合使用将会导致柴油机启动困难，排气管冒黑烟，甚至不能启动；柴油机有时还会出现爆震现象，加剧机件的磨损，同时燃烧室和排气系统会产生大量胶质或积炭，严重影响润滑，导致柴油机早期损坏。

③ 柴油需净化。柴油中若含有杂质，极易造成燃油系统精密件的堵塞或卡死。因此，

使用柴油前须经沉淀过滤，沉淀时间不得少于48 h；同时，要及时更换或清洗柴油滤清器的滤芯，以保持其良好的过滤效果。

3. 发动机润滑油牌号和选用 发动机润滑油选用应根据发动机的构造、零部件的材料、发动机运行的工况、使用环境、燃料种类及品质和排气后处理系统的组成等多方面因素进行考虑。正确使用发动机润滑油，可保证发动机的正常工作和延长使用寿命。用户首先根据发动机的类型、排放水平和典型技术等选择合适的发动机油品种和质量等级，再根据车辆使用地区的气温选择合适牌号，不同黏度牌号对应不同的使用环境温度。

(1) 机油的质量等级分类和选用。发动机机油分为两类："S"开头系列代表汽油发动机用油，规格有 SE、SF、SG、SH、SF-1、SJ、SF-2、SL 和 SF-3 等九个级别。"C"开头系列代表柴油发动机用油，规格有 CC、CD、CF、CF-4、CH-4、CI-4、CI-4+和 CJ-4 等八个级别。当"S"和"C"两个字母同时存在，则表示此机油为汽柴通用型。第二个英文字母代表机油的质量等级，越往后面的等级越高。例如，SF 要比 SE 级别高。

机油产品标记为：质量等级　黏度等级　汽油机油/柴油机油/通用内燃机油

例如：SF 10 W - 30 汽油机油

S 表示汽油机油

F 表示质量等级

10 表示低温特性（可在 -20 ℃的低温条件下工作）

W 表示冬季用油

30 表示黏度值

柴油机油质量等级的选用见表 1-6。

表 1-6　柴油机油质量等级的选用

发动机排放水平	典型技术	推荐油品	换油周期（km）
国Ⅰ及以下	—	CD	6 000～8 000
国Ⅱ	—	CF-4	10 000～15 000
国Ⅲ	未使用 EGR 系统	CH-4	10 000～20 000
国Ⅲ	使用 EGR 系统	CI-4	10 000～20 000
国Ⅳ	使用 SCR 系统	CI-4/CI-4+	10 000～20 000
国Ⅳ	使用 DPF（或 POC）和 EGR 系统	CJ-4	10 000～20 000

注：DPF 代表柴油机微粒捕集器，EGR 代表废气再循环，POC 代表颗粒物催化氧化转化器，SCR 代表选择性催化还原系统。

发动机油黏度级别有 0 W、5 W、10 W、15 W、20 W、25 W、20、30、40、50、60 等级别，数值越大，黏度越大；带 W 的为冬季低温下使用的油品，5 W/50、10 W/30、15 W/40 等，表示多黏度级油，简称"多级油"，多级油既有良好的低温流动性，在高温情况下又具有一定的黏度。

用户可根据商用车使用地区的环境温度范围，进行发动机油黏度级别的选择，见表 1-7。在气温较高的环境下，对重负荷、长距离运输等恶劣工况的车辆推荐选用黏度较大的发动机油；新车零部件配合间隙小，可选用黏度较低的机油；对于已有一定程度磨损的车辆，可选用黏度较大的机油，以保证良好的密封。

表1-7 不同环境温度适应的发动机油黏度级别

环境温度（℃）	黏度级别	环境温度（℃）	黏度级别	环境温度（℃）	黏度级别
-35～30	0W-30	-25～30	10W-30	-20～50	15W-50
-35～40	0W-40	-25～40	10W-40	-15～30	20W-30
-30～30	5W-30	-25～50	10W-50	-15～40	20W-40
-30～40	5W-40	-20～30	15W-30	-15～50	20W-50
-30～50	5W-50	-20～40	15W-40	—	—

注：表中油品的黏度级别，W前的数字越小，表明油品的低温性能越好，W后的数字越大，表明油品的黏度越大。发动机油的黏温性能详见GB11122—2006。

(2) 机油使用中的注意事项。

① 正确选择机油的质量等级：选用合适质量等级的润滑油，对发动机的正常工作非常重要，通常情况下可按使用说明书的规定选用。

② 润滑油黏度要适宜：高黏度机油的低温启动性和泵送性差，启动后供油慢，冷却和洗涤作用差，因此，应在保证活塞环良好密封和零件磨损正常的条件下，适当选用低黏度级的润滑油。只有在发动机严重磨损，或工作条件特别恶劣的情况下，允许使用比该地区气温所要求的黏度级高一级的润滑油。

③ 尽量采用多级油：为了节能并延长发动机使用寿命，要采用多级油。

④ 保证正常油面：油底壳中的油面过高会烧机油，产生积炭；油面过低，机油易产生变质，且会因缺油使零件加剧磨损甚至烧损。

⑤ 定期或按质更换机油：机油在使用中应进行质量监测，尽量实现按质量换油。在无分析手段，不能实现按质换油时，可用按期换油作为过渡。

⑥ 定期更换机油滤芯：完好的机油滤芯，可防止机油将脏物带入各润滑点。

4. 齿轮油的牌号和选用 通常将用于变速器、后桥和轮边减速器的润滑用油叫做齿轮油。它和其他润滑油一样，具有减磨、冷却、清洗、密封、防锈和降噪等作用，但其工作条件与内燃机机油不同，对齿轮油性能要求也不同。

(1) 齿轮油的分类和规格。我国齿轮油的分类标准参考美国SAE和API齿轮油分类方法，黏度分级与SAE相同。

齿轮油质量等级分类及使用性能见表1-8。

表1-8 齿轮油使用性能分类（B7631.7—89）

代号	组成、特性和使用说明
L-CLC	在精制矿油中加抗氧剂、抗泡剂和少量挤压剂等制成。适用于中等速度和负荷比较苛刻的手动变速器螺旋锥齿轮的驱动桥
L-CLD	在精制矿油中加抗氧剂、防锈剂、抗泡剂和挤压剂等制成。适用于在低速大扭矩、高速低扭矩下操作的各种齿轮（如手动变速器），特别是客车和其他各种车辆用的使用条件不太苛刻的双曲线齿轮或螺旋锥齿轮驱动桥
L-CLE	在精制矿油中加抗氧剂、防锈剂、防泡剂和挤压剂等制成。适用于在高速冲击负荷、高速低扭矩和低速大扭矩下操作的各种齿轮（如手动变速器），特别是客车和其他各种车辆的双曲线齿轮及其他各种齿轮的驱动桥

L-CLC 齿轮油（相当于 API 分级的 GL-3）分为 80 W/90，5 W/90 和 90 三个黏度牌号。L-CLD 齿轮油（相当于 API 分级的 GL-4）分为 25 W，80 W/90，85 W/90，90 和 85 W/140 五个黏度牌号。L-CLE 齿轮油（相当于 API 分级的 GL-5）分为 75 W，80 W/90，85 W/90，90，85 W/140 五个黏度牌号。

（2）齿轮油的选择。齿轮油规格的选择与内燃机润滑油一样，也要兼顾黏度级和使用级两方面来选择，齿轮油黏度级别选用见表 1-9。

表 1-9 齿轮油黏度级别选用表

环境温度/℃	车辆齿轮油黏度级别	环境温度/℃	车辆齿轮油黏度级别
-50~+35	75 W，75 W/90	-15~+55	85 W/140
-20~+35	80 W/90	-12~+35	90
-15~+35	85 W/90	-12~+50	110
-15~+50	85 W/110	-7~+55	140

注：表中油品的黏度级别，W 前的数字越小，表明油品的低温性能越好；W 后的数字越大，表明油品的黏度越大。车辆齿轮油的黏温性能详见 GB/T 17477。

齿轮油黏度级别的选择，主要依据最低气温、最高油温和齿轮油更换周期等因素。

齿轮油使用性能级别的选择，主要根据齿面压力、滑移速度和油温等工作条件，而这些工作条件又取决于传动装置的齿轮类型，所以一般可按齿轮类型和传动装置的功能来选择齿轮油的使用性能级别。

一般来说，中央传动和主传动器工作条件苛刻，而双曲线齿轮式主传动器更为苛刻，对齿轮油使用性能要求更高。为降低用油级别，在汽车、拖拉机各传动装置对齿轮油使用性能级别要求相差不太大的情况下，可选用同一级使用性能的齿轮油。

5. 润滑脂的分类和选用 润滑脂是将稠化剂分散于液体润滑剂中所形成的一种稳定的固体或半固体产品，其中可加入旨在改善某种特性的添加剂和填料。它具有其他润滑剂所不能代替的特点，在汽车、拖拉机和工程机械上的许多部位，都使用润滑脂作为润滑材料。

（1）润滑脂的分类。润滑脂的品种牌号繁多，其分类方法也多种多样。但使用最多的是按稠化剂的类别来分，如皂基润滑脂、烃基润滑脂、无机润滑脂、有机润滑脂。目前使用最广泛、最普遍的是皂基润滑脂中的钙基润滑脂和锂基润滑脂。

（2）润滑脂的选用。

① 钙基润滑脂：钙基润滑脂俗称"黄油"。它具有抗水性好、机械安定性好、易于泵送、价格低等优点，但同时又有使用温度低、寿命短等缺点。钙基润滑脂按工作锥入度（针入度）分成 1、2、3、4 四个牌号。1、2 号使用温度不高于 55 ℃，3、4 号不高于 60 ℃。目前，1、2 号脂使用最多，主要用于中、低速运动部件；3、4 号脂用于高负荷、低转速的设备上。钙基润滑脂具有良好的抗水性，适于潮湿和与水接触的部件润滑，水田作业的拖拉机使用的应是钙基润滑脂，它同时可起到密封作用。

② 锂基润滑脂：锂基润滑脂的使用温度高，可长期在 120 ℃下使用，短期在 150 ℃下使用，与其他润滑脂相比有用量少但寿命长、使用范围广的特点。在汽车、拖拉机上较常用的是汽车通用锂基润滑脂，它适用于 -30~120 ℃下的汽车轮毂轴承、底盘、水泵和发电机等摩擦部位的润滑。

③ 钠基润滑脂：钠基润滑脂主要适用于在较高环境温度下使用，但不适宜潮湿或与水及水蒸气接触的场合。

④ 钙钠基润滑脂：钙钠基润滑脂具有良好的抗水和耐高温性能，适于潮湿或高温环境，如汽车、拖拉机的轮毂轴承、万向节或发电机的滚动轴承等，但不适于低温环境，这种润滑脂价格较高，应用受到一定的限制。

润滑脂在日常生活中也有着广泛的用途，如自行车、手推车、畜力车、房门合页等转动轴承的润滑、打气筒皮碗的密封、金属管路接头的防漏（低压环境）及刨锯表面的防锈等。由于润滑脂一次注入后可以维持相当长时间，无需经常加注，故使其更具经济性和实用性。

6. 油料的安全使用　在农忙季节，机手为加油及时、方便和减少空车行驶，往往会贮存一定数量的油料。因农村设备简陋，在油料的贮藏和使用中千万要注意安全，做到四防。

（1）防火。防止明火接近，远离火源，特别是夜晚，不要用明火照明加油。存油要离火源 15 m 以外，特别是油桶零星存油时要远离窗前、烟囱下和易产生火花的地方，离电线要在 12 m 以外，防止电线断落在油桶上产生火花引起失火。为防雷击起火，贮油设备要离柴草垛等易燃堆放物远些。为避开烈日曝晒，存放在室外的油料要用石棉瓦等搭棚遮盖。

（2）防爆炸。油桶装油时不可过满，一般装油量不超过 85%，留出充分的膨胀空间，以防止油料因受热膨胀而使容器内压力增高而爆炸。

（3）防静电。搬运时要尽量避免磕碰，开油桶盖时要用专用工具，不可用铁器敲击。倒汽油和加汽油时不可用塑料桶，防止静电起火。防止化纤衣服产生静电火花。

（4）防中毒。油料具有一定的毒性，不要使用油管用嘴吸油料。含铅汽油毒性更大，除不要用嘴吸外，也不要用于洗手，以防损伤皮肤。不要用汽油清洗机器零件，以免形成蒸气被人吸入，经常吸入对人体会造成危害。

保证油料使用安全必须具备一定的消防常识。要备足防火设施，准备一个灭火器或砂箱以及其他灭火工具。一旦发生火灾千万不能用水灭火，以防火势蔓延，应用砂土埋盖。

模块2 小型汽油机

【内容提要】

小型汽油机是农业机具常用的配套动力之一,因其结构简单、体积紧凑、操作简单、维护方便,深受用户好评,是便携移动式机具理想的配套动力。

本模块主要介绍小型汽油机的基本构造、使用和维护方法。

通过本模块的学习,了解我国汽油机发展历史,树立创新意识,提升核心竞争力。

【基本知识】

2.1 小型汽油机概述

2.1.1 汽油机的概念及组成

汽油机和柴油机一样,每完成一次工作循环,必须经过进气、压缩、做功和排气四个过程。完成上述四个过程只需要活塞移动两个行程的汽油机称为二行程汽油机,完成四个过程需要活塞移动四个行程的汽油机称为四行程汽油机。

汽油机的组成与柴油机基本相同,不同之处是比柴油机多设了一个点火系统,而且不设减压装置。

2.1.2 汽油机工作过程

1. 二行程汽油机工作过程

(1) 吸气压缩过程(活塞第一行程)。在曲轴的旋转带动下,活塞由下止点向上止点运动,其下方即曲轴箱内压力减小,形成真空,在进气孔开启时如图2-1a所示,化油器供应的混合气在真空吸力的作用下,被吸入曲轴箱内。当活塞上行至关闭换气孔和排气孔时如图2-1b所示,已进入汽缸内的混合气开始被压缩,直至活塞到达上止点,压缩过程结束。

(2) 做功排气行程(活塞第二行程)。当活塞接近上止点时如图2-1c所示,火花塞产生电火花,点燃混合气,燃烧形成的高温高压气体推动活塞从上止点向下止点运动做功。当活塞下行到排气孔开启时如图2-1d所示,做功过程结束,开始排气过程。燃烧过的废气靠自身压力经排气孔排出,紧接着换气孔开启,曲轴箱内的经过预压的可燃混合气经换气孔进入汽缸,进行换气并扫除汽缸内的废气。活塞到达下止点后,换气和排气结束。

2. 四行程汽油机的工作特点 四行程汽油机和四行程柴油机的工作原理相同,都是将燃料燃烧的热能转变为机械能对外做功,但与柴油机工作过程相比,具有以下的特点:

(1) 进气与压缩过程的气体不同。柴油机进入汽缸的是新鲜的纯空气,压缩的也是

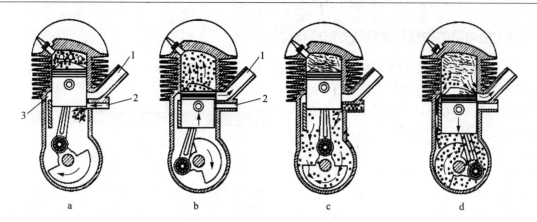

图 2-1 二行程汽油机工作示意图
a、b. 吸气压缩过程　c、d. 做功排气过程
1. 排气孔　2. 进气孔　3. 换气孔

二行程汽油机工作原理

纯空气；而汽油机进入汽缸的是汽油与空气的混合体，压缩的也是混合体。

（2）混合气的形成方式不同。柴油机是在汽缸内形成混合气，而汽油机是在汽缸外的化油器内开始形成混合气。

（3）着火方式不同。柴油机混合气是靠压缩终了时温度和压力达到一定的条件后自行着火燃烧，而汽油机是靠火花塞点燃混合气，所以汽油机必须配备点火系统。

（4）汽缸内气体压缩终了时温度和压力不同。柴油机压缩终了时温度和压力高，而汽油机则较低。

2.2　汽油机燃料供给系统

2.2.1　汽油机燃料供给系统的功用和组成

汽油机燃料供给系统的功用是根据汽油机的工作需要，配制出一定数量和浓度的可燃混合气供给汽缸。

一般小型四行程汽油机燃料供给系统的结构如图 2-2 所示。汽油自油箱流入滤清器，经过滤清后进入化油器中；空气经空气滤清器滤去灰尘后，也进入化油器。汽油与空气混合成可燃混合气进入汽缸。

汽油机燃料供给系统的组成及工作过程

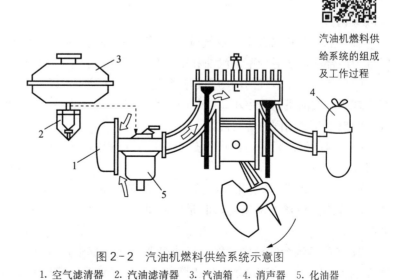

图 2-2　汽油机燃料供给系统示意图
1. 空气滤清器　2. 汽油滤清器　3. 汽油箱　4. 消声器　5. 化油器

2.2.2 化油器的构造及混合气的形成过程

1. 化油器的构造 化油器是可燃混合气的形成装置,其工作状态的好坏直接影响汽油机工作的平稳性、动力性和经济性。小型单缸汽油机的化油器为平吸式单腔结构,它由浮子机构、主喷管、量孔、喉管、节气门、空气室、混合室、阻风门和怠速装置组成。165F汽油机化油器的工作原理示意图如图2-3所示。

(1) 浮子机构。浮子机构由浮子、针阀和浮子室组成。浮子室用来贮存来自油箱的汽油。浮子室中装有浮子和针阀,可一起随油面起落,以控制浮子室内的油面高度。当浮子室油面达到规定的高度时,针阀关闭浮子室进油口,汽油不能流入。当浮子室油面降低时,浮子下落,针阀重新开启,汽油流入浮子室,油面升高使针阀上升关闭进油口。

(2) 喉管。喉管的作用是增加空气的流速,形成真空,使汽油从主喷管中喷出,利用空气的流速将喷出的汽油吹散雾化。

(3) 主喷管和量孔。主喷管的喷口设在喉管的咽喉附近,另一端和浮子室相通。量孔分为主量孔和主空气量孔,主量孔通过调整针阀来限制汽油的流量;主空气量孔设在喉管的前方,它的下端和主喷管相通,其作用是使混合气随节气门逐渐开大而变稀,形成泡沫化汽油。泡沫化汽油容易被气流吹散雾化。

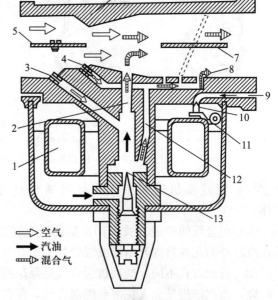

图2-3 化油器工作原理示意图
1.浮子 2.主喷管 3.主空气量孔 4.怠速空气量孔
5.阻风门 6.喉管 7.节气门 8.怠速喷口 9.进油口
10.针阀 11.调整片 12.怠速油道 13.主量孔

简单化油器结构及工作原理

(4) 空气室和混合室。空气管中喉管以前为空气室,从喉管开始到节气门轴为混合室,在混合室内汽油和空气初步混合。

(5) 节气门。节气门的功用是控制进入汽缸的混合气量。节气门开小,进入汽缸的混合气量减少,汽油机的功率小;节气门开大,进入汽缸的混合气量增多,汽油机的功率大。节气门的最小开度由限位螺钉限制。

(6) 阻风门。阻风门的作用是控制进入喉管的空气量,保证汽油机启动时有较浓的混合气。

(7) 怠速装置。怠速供油装置由怠速空气量孔、怠速油道、怠速喷口和怠速螺钉组成。其作用是供给发动机空转时最低转速所需的混合气。怠速喷口的喷油量由怠速螺钉调整。

2. 汽油机混合气形成过程 汽油机在吸气过程中,空气流经喉管时,由于喉管的通道断面减小,使气流流速增加、压力降低,喉管处产生一定的真空度,将汽油从浮子室经主喷管吸出。汽油从喷口喷出后，受高速气流的撞击、撕裂，雾化成细微的油粒，在低压条件下迅速蒸发为油气，并与空气混合成可燃混合气进入汽缸。未汽化的汽油，流经进气管进入汽缸后继续蒸发与空气混合形成可燃混合气。

2.3 汽油机点火系统

2.3.1 点火系统的功用和类型

点火系统的功用是定时供给火花塞以足够的电火花能量，点燃被压缩的可燃混合气，使汽油机做功。

点火系统分为蓄电池点火系统、磁电机点火系统和晶体管点火系统。小型汽油机通常采用磁电机点火系统。

2.3.2 磁电机点火系统的组成及工作过程

1. 磁电机点火系统的组成 磁电机点火系统是由磁电机、火花塞和高压导线等组成，如图2-4所示。磁电机分为磁路、感应线圈和断电器三部分。

磁路由永久磁铁转子、蹄铁和铁芯组成。感应线圈由初级线圈和次级线圈组成，初级线圈导线粗而匝数少，一端搭铁（焊接在铁芯上），一端连至断电器触点。次级线圈导线细且匝数多，一端连至初级线圈而搭铁，另一端经高压线连至火花塞（在多缸机上连至分电器）。

断电器由装在转子轴末端的小凸轮、一对常闭触点（俗称白金触点）及触点臂和弹簧片等组成。白金触点的作用是接通与切断初级线圈的电流。触点闭合时，初级线圈电流接通。曲轴旋转一周，凸轮顶开触点一次，此时初级线圈上的电流被切断。

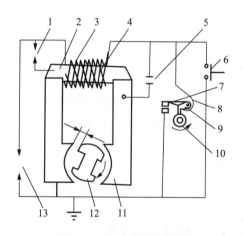

图2-4 磁电机工作原理
1. 安全火花间隙 2. 铁芯 3. 次级线圈 4. 初级线圈
5. 电容器 6. 熄火开关 7. 触点 8. 弹簧片 9. 触点臂
10. 凸轮 11. 蹄铁 12. 转子 13. 火花塞

断电器触点两端并联了一只电容器和熄火开关。

2. 磁电机的工作过程 磁电机是一种发电机，是把机械能转变为电能的装置。当汽油机工作时，由于永久磁铁旋转，磁力线感应线圈相互切割，在感应线圈中连续不断地产生感应交流电。在初级线圈中，电流通过常闭触点形成回路，与此同时，次级线圈也感应出交流电，但不够大，还不能使火花塞间隙产生电火花。

磁电机组成及工作过程

当汽油机活塞在压缩行程末接近上止点时，断电器凸轮把断电器触点顶开，初级线圈中的电流回路被切断。由于电流突然消失，磁通量急剧变化，在初级线圈中产生了很高的感应电动势，这个高压电动势通过高压导线击穿火花塞间隙，产生电火花，将混合气点燃。

断电器触点上并联的电容器，能减弱触点张开时产生的火花，从而保护触点不被烧蚀，并能提高点火线圈产生的高压。

断电器上并联的熄火开关安装在汽油机风罩上，按下熄火按钮，初级回路电流不经过断电器触点直接经铁芯搭铁形成短路，次级线圈中不能产生高压，火花塞不跳火，发动机便停止工作。

3. 火花塞　火花塞的作用是将高压电引到汽油机的燃烧室内，产生电火花点燃可燃混合气。火花塞由壳体、绝缘体、中心电极、侧电极及密封垫圈等组成，如图 2-5 所示。

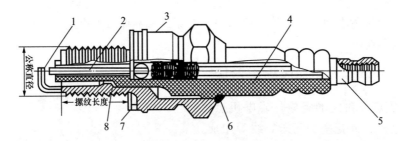

图 2-5　火花塞
1. 侧电极　2. 中心电极　3. 壳体　4. 绝缘体　5. 接头螺母　6、8. 密封垫圈　7. 密封圈

钢制的火花塞壳体下部有螺纹，上部做成六角形，以便将火花塞旋入汽缸盖。国产火花塞的连接螺纹尺寸（直径×螺距，mm）有 M10×1.0、M10×1.25 和 M18×1.5 三种规格。

【基本技能】

实训 2.1　小型汽油机的使用与维护

1. 启动前的准备工作

（1）新的或封存的汽油机首先要进行启封，启封就是去除汽缸内的机油。其方法是将火花塞拆下，用绳拉启动轮，迫使汽缸内的机油从火花塞孔喷完为止，再用干净布擦干火花塞孔腔及火花塞电极部分。把火花塞放在机体上与高压线相连，再用手转动启动轮，看是否跳火，正常后拧紧火花塞，接好高压线。

（2）二行程汽油机要加注混合燃油，混合时必须搅拌均匀，严格按规定比例混合，混合油注入油箱时必须通过布质或丝绸滤网；四行程汽油机则直接向油箱内加干净的纯汽油。为了安全防火，机器运转时严禁添加燃油。

（3）检查汽油机各处接头是否松脱，外部螺钉螺母是否紧固。用手转动启动轮，检查压缩是否正常，是否有零件干涉现象。

（4）向曲轴箱（四行程汽油机）内加注润滑油。

2. 启动汽油机

（1）打开油箱开关。

（2）关小阻风门，并将调速手柄开至 1/2~3/5 位置。

（3）稍按加浓按钮，直到化油器启动孔溢油为止。

(4) 将启动绳按右旋方向绕在启动轮上,先缓慢拉动几次,然后用力迅速拉动启动绳。技术状态良好的汽油机只需拉动 1~3 次即可启动。

汽油机启动后,将阻风门全开,调速手柄扳至低速位置,使汽油机在低速状态运转 3~5 min。在此期间检查汽油机有无漏油、漏水、调速器失灵等现象。认真倾听,检查汽油机有无敲击声、机件松动响声或其他不正常响声。如发现问题,应立即停机检查排除。

注意:严禁启动后迅速加大负荷,以免机体产生不正常的磨损和损坏。

3. 汽油机的运转和停机　汽油机启动后,应在无负荷低速下运转 3~5 min(尤其是在冬天),待机体温度上升后再逐渐加上负荷。若负荷过大,引起转速下降,应及时减轻负荷。运转过程中,如发现漏气、漏油或者有不正常的响声等异常现象,都应该及时停机检查。运转时不要往油箱内添加汽油,以免汽油泄出引起事故。定期停机检查润滑油,不足应予以添加。

停机应在降低转速、减轻负荷后进行。油门放在低速位置,空载低速运转 3~5 min,使汽油机慢慢冷却。关闭手油门,汽油机即可停机。每班次工作结束时,应关闭燃油箱开关,让化油器中的燃油烧净而自动停机。

4. 汽油机的班次维护　汽油机每工作 8~10 h 后就应停机进行班次维护。维护内容为:
(1) 清理汽油机表面的油污、灰尘和杂质。
(2) 检查油管接头是否漏油,接合面是否漏气,压缩压力是否正常。
(3) 检查汽油机外部紧固螺钉,如松动要拧紧,脱落要补齐。
(4) 检查润滑油油位、燃油油位、冷却水位,如不够应添加。

5. 汽油机的封存　当汽油机较长时间停放不用时,为了防止锈蚀损坏,应该按下述方法进行封存。
(1) 清除汽油机上的灰尘杂质。
(2) 放净油箱中的燃油。
(3) 拆下火花塞,注入 10~15 g 机油。转动曲轴 3~4 转,然后将活塞置于压缩上止点。
(4) 用塑料布或油纸将各外露通道、气孔包扎或堵塞,防止灰尘杂质进入。
(5) 用包装塑料袋或防潮纸,将整个汽油机包扎密封,并放置在干燥通风处,防止受潮。

实训 2.2　火花塞使用与维护

1. 拆卸火花塞
(1) 用火花塞套筒扳手松开火花塞 1~2 圈。
(2) 用压缩空气吹净火花塞周围的尘土。
(3) 卸下火花塞和密封垫。

2. 火花塞的清洗
(1) 用清洗剂洗净火花塞外部的油污或油脂。
(2) 放入汽油中浸泡一段时间,用木、竹刮片刮除积炭并用毛刷清洗残渣。不允许用金属丝刷或刮刀除污,以防损伤而漏电。

3. 火花塞间隙的检查与调整

(1) 在中心电极与侧电极之间插入圆形塞规(新火花塞用平塞规)。

(2) 通过塞规尺寸检查火花塞间隙是否符合要求,如不符合要求,应进行调整。

(3) 把与间隙规范值相等尺寸的塞规插入两电极之间,扳动侧电极使间隙尺寸达到规范值。

(4) 进行跳火检查,应符合技术要求。

4. 火花塞的安装

(1) 用干净湿布擦净塞座处的灰尘和积累的油脂。

(2) 确保密封垫片良好,并套在火花塞螺纹上合适的位置处。

(3) 将火花塞拧入缸盖。按规范用扭力扳手拧紧火花塞,不要过紧以防损坏垫片。

实训 2.3　怠速检查与调整

1. 检查方法

(1) 启动汽油机,运转到正常工作温度。

(2) 减小油门到怠速。

(3) 用转速表测量发动机转速。如果怠速转速不符合要求,则需要调整。

2. 调整方法

(1) 拧退节气门最小开度限位螺钉,转速降低。

(2) 拧动怠速螺钉,使转速升高。

(3) 进一步拧退节气门最小开度限位螺钉,转速降低。

(4) 再拧动怠速螺钉,使转速提高。如此反复进行,直到怠速转速符合要求为止。

(5) 由怠速迅速加大油门,如不熄火,调整合适;如熄火,适当地拧动节气门最小开度限位螺钉,直到加大油门不熄火为止。

模块3 拖拉机

【内容提要】

拖拉机是主要用于农业生产的动力机器,种类很多,能牵引农机具进行耕地、播种、收割等田间作业,是农业生产和发家致富的好帮手。

本模块主要介绍拖拉机的基本构造、使用方法和日常维护的要领。

通过本模块的学习,树立高质量发展意识,推动拖拉机产业高端化、智能化、绿色化发展。

【基本知识】

3.1 拖拉机概述

拖拉机是一种自走式的动力机械,通过牵引、推动、驱动所挂接的配套机具组成各种作业机组,完成农田、林业、运输、园林、工程及固定作业。拖拉机一般由发动机和底盘(包括传动系统、行走系统、转向系统、制动系统、液压悬挂系统、电器仪表系统及牵引装置等)组成。为满足拖拉机配套各种机具作业的基本要求,拖拉机的功率最小的有 1.5 kW,最大的有 500 kW 以上。

3.1.1 农用拖拉机的分类

1. 按拖拉机用途分类 可分为普通型拖拉机、园艺型拖拉机、中耕型拖拉机和特殊用途型拖拉机四类。

2. 按拖拉机行驶装置分类 可分为履带式拖拉机和轮式拖拉机两类,半履带式拖拉机则是这两种拖拉机的变形。

3. 按发动机功率大小分类

(1) 大型拖拉机。功率在 73.6 kW(100 马力*)以上。

(2) 中型拖拉机。功率在 14.7~73.6 kW(20~100 马力)之间。

(3) 小型拖拉机。功率在 14.7 kW(20 马力)以下。

3.1.2 国产拖拉机的型号编制规则

根据"JB/T 9831—2014 农林拖拉机型号编制规则"的规定,拖拉机型号一般由系列代

---

* 马力为非法定计量单位,1 马力=735.499 W。

号、功率代号、型式代号、功能代号和区别标志组成，其排列顺序如图3-1所示。

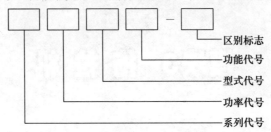

图3-1 拖拉机型号编制规则

（1）系列代号。用不多于两个大写汉语拼音字母表示（后一个字母不得用I和O），用以区别不同系列和不同设计的机型（旧标准允许使用汉字作为系列代号）。

（2）功率代号。用发动机标定功率值千瓦（kW）乘以系数1.36后取近似的整数表示。

（3）型式代号。采用下列数字符号：

0 表示后轮驱动四轮式　　　　　1 表示手扶式（单轴式）
2 表示履带式　　　　　　　　　3 表示三轮式或并置前轮式
4 表示四轮驱动式　　　　　　　5 表示自走底盘式
9 表示船式

（4）功能代号。采用下列字母符号：

（空白）表示一般农用　　　　　P 表示坡地用
G 表示果园用　　　　　　　　　S 表示水田用
H 表示高地隙中耕用　　　　　　T 表示运输用
J 表示集材用　　　　　　　　　Y 表示园艺用
L 表示营林用　　　　　　　　　Z 表示沼泽地用
D 表示大棚用　　　　　　　　　E 表示工程用

（5）区别标志。结构经重大改进后，可加注区别标志。区别标志用阿拉伯数字表示。

例如SH-500型拖拉机，即SH（上海）牌，发动机功率为50HP（36.8 kW）后轮驱动式农用拖拉机。

3.2 拖拉机的传动系统

3.2.1 传动系统的组成及动力传动路线

传动系统是拖拉机底盘的重要组成部分，是发动机与驱动轮之间所有传动部件的总称。主要由离合器、变速器、驱动桥及最终传动等组成。

1. 传动系统的组成及动力传动路线

（1）手扶拖拉机的传动系统。卧式单缸柴油机手扶拖拉机的传动系由主动皮带轮、离合器、离合器输出手柄、变速器滑动齿轮、动力输出齿轮、中央传动、最终传动等组成，如图3-2所示。

动力传动路线是通过柴油机飞轮上的皮带轮经皮带传到离合器、变速器滑动齿轮、中央传动齿轮、最终传动齿轮，最终传递到驱动轮。

（2）轮式拖拉机的传动系统。轮式拖拉机的传动系统由离合器、变速箱、差速器和最终传动等部件组成，如图3-3所示。多数轮式拖拉机的发动机纵向布置在前部，并且采用后轮驱动或四轮驱动。

发动机发出的动力依次经过离合器、变速箱、中央传动（主减速器）、差速器、最终传动、半轴传递到两侧驱动轮。

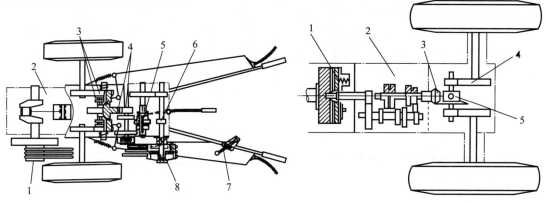

图3-2 手扶拖拉机传动系统组成
1.主动皮带轮 2.发动机 3.最终传动
4.中央传动 5.变速器滑动齿轮 6.动力输出齿轮
7.离合器输出手柄 8.离合器

图3-3 轮式拖拉机传动系统组成
1.离合器 2.变速器 3.中央传动
4.最终传动 5.差速器

2. 传动系统的功用 传动系的功用是将发动机输出的动力传给驱动轮和动力输出轴；降低转速、增加转矩；改变转速、改变转矩；实现拖拉机倒驶；传递或切断动力，保证拖拉机能在各种条件下正常行驶和作业，并具有良好的动力性和经济性。

3.2.2 传动系统的主要部件

1. 离合器 离合器位于发动机和变速箱之间，用于接合或断开二者之间的动力传递。

（1）离合器的类型。根据其动力传递方式不同，离合器可分为摩擦式、液力式和电磁式等形式。摩擦式离合器（图3-4）结构简单、性能可靠、维修方便，目前绝大部分拖拉机采用的是摩擦式离合器。

（2）摩擦式离合器的组成和结构。摩擦式离合器主要由主动部分、从动部分、压紧机构和分离操纵机构四部分组成。

（3）摩擦式离合器的工作原理。不同形式的摩擦式离合器其作用原理基本相同，即主、从动部分互相压紧，靠摩擦表面的摩擦力来传递扭矩。当离合器接合时，离合器从动盘被紧紧地夹在飞轮和压盘之

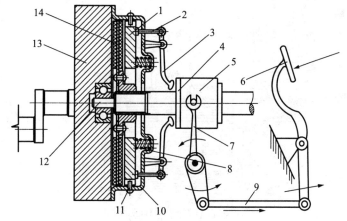

图3-4 摩擦式离合器的基本组成和结构
1.压盘 2.分离拉杆 3.分离杠杆 4.分离轴承 5.分离轴承座
6.离合器跳板 7.分离拨叉 8.压紧弹簧 9.操纵拉杆
10.离合器盖 11.传力销 12.离合器轴 13.飞轮 14.从动盘

间，使得发动机转矩得以传递到变速器上；当离合器分离时，压盘后移，解除了作用在从动盘上的压力，经离合器传递的动力中断。

2. 变速器 变速器位于离合器与后桥之间，其功用是实现变速变矩，通过改变驱动轮转矩和转速使发动机在最佳工况下工作；通过挡位变换，实现拖拉机空挡和倒车；通过与变速器连接的动力输出轴为农机具或液压系统等提供动力。

（1）变速器的类型。拖拉机多采用有级式齿轮变速器，按操纵控制类型可分为机械换挡式（又称人力换挡式）变速器、半动力换挡变速器和动力换挡变速器三大类。按变速器的结构和传动特点，可分为二轴式、三轴式和组成式三种。二轴和三轴式变速器统称为简单式变速器，如图 3-5 所示，两个简单式变速器串联一起构成组成式变速器。

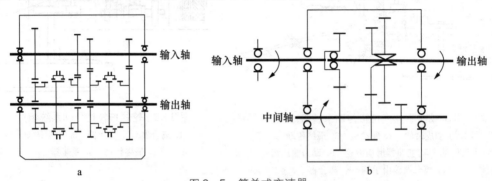

图 3-5 简单式变速器
a. 两轴式变速器 b. 三轴式变速器

（2）变速器组成及工作原理。如图 3-6 所示，该变速器属于二轴式、滑动齿轮换挡变速器，有 5+1（5 个前进挡，1 个倒挡）个排挡，由传动部分和操纵机构组成。

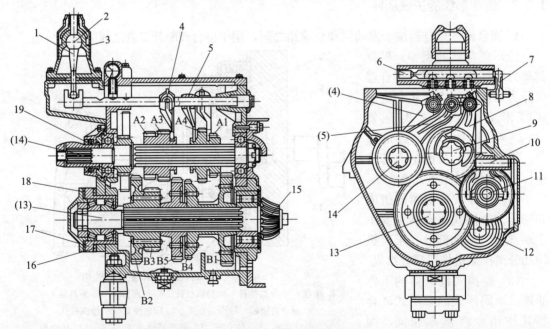

图 3-6 东方红-802 型拖拉机变速器
1. 变速杆 2. 球头 3. 变速杆座 4. Ⅱ、Ⅲ挡拨叉 5. Ⅰ、Ⅳ挡拨叉 6. 联锁轴 7. 联锁轴臂
8. 倒挡拨叉 9. 倒挡轴 10. Ⅴ挡拨叉销 11. Ⅴ挡中间轴 12. 溅油齿轮 13. 第Ⅱ轴
14. 第Ⅰ轴 15. 小锥齿轮 16. 调整垫片 17. 轴承座 18. 调整垫片 19. 油封

变速器有一轴（输入轴）、二轴（输出轴）、Ⅴ挡轴和倒挡轴共四根轴。一轴前端伸出箱体，通过联轴节传动轴与离合器轴相连，轴上装有固定的常啮合齿轮和Ⅰ、Ⅳ挡及Ⅱ、Ⅲ挡双联滑动齿轮。二轴为输出轴，它与中央传动小锥齿轮制成一体。倒挡轴上装有固定齿轮，它与一轴常啮合齿轮常啮合，轴上还装有倒挡滑动齿轮，它和二轴Ⅳ挡齿轮啮合时，实现倒挡。轴的后端伸出箱体外，通过牙嵌离合器与动力输出轴相连接。Ⅴ挡轴前端制有常啮合齿轮，它与倒挡轴固定齿轮和溅油齿轮常啮合。轴上套装Ⅴ挡齿轮，它具有内、外齿与二轴Ⅴ挡齿轮常啮合。当齿轮前移与Ⅴ挡轴上的小齿轮相啮合时，便获得Ⅴ挡。

通过改变挡位选择变速器齿轮传动的不同传递路线，见表3-1，也可获得不同的传动比来得到不同的挡位。传动比较大的称为低速挡，传动比较小的称为高速挡。

表3-1 东方红-802型拖拉机变速器各挡传递路线图

结构示意图	挡位	滑动方向	传动路线	传动比
	Ⅰ挡	A1→	一轴→A1/B1→二轴	2.647
	Ⅱ挡	←A2	一轴→A2/B2→二轴	2.263
	Ⅲ挡	A3→	一轴→A3/B3→二轴	1.82
	Ⅳ挡	←A4	一轴→A4/B4→二轴	1.52
	Ⅴ挡	←A5	一轴→C1/C2→C2/C3→A5/B5→二轴	1.154
	倒挡	←A6	一轴→C1/C2→A6/B4→二轴	4.295

3. 后桥 拖拉机的后桥是变速箱与驱动轮之间的所有传动部件及壳体的总称（不包括万向节传动）。后桥将变速器（直接或通过万向传动装置）传来的动力传递到左右驱动轮，使拖拉机行驶，并允许左右驱动轮以不同的转速旋转。驱动桥按是否有最终传动分为有最终传动驱动桥和无最终传动驱动桥。

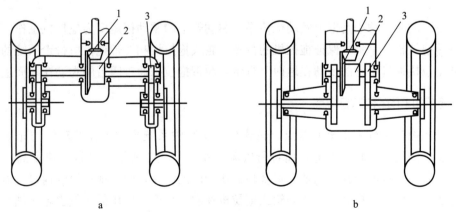

图3-7 有最终传动驱动桥
a. 外置式 b. 内置式
1. 中央传动 2. 差速器 3. 最终传动

(1) 有最终传动驱动桥。最终传动的用途是在驱动桥与车轮之间再增加一级减速,进一步降速增矩,可以使主减速器的传动比不必设计得太大。有最终传动驱动桥分为内置式和外置式,如图3-7所示。最终传动内置式驱动桥,结构紧凑,驱动轮可在半轴上滑动,能无级调整轮距。最终传动外置式驱动桥,没有单独的最终传动箱,壳体靠近驱动轮处,可得到较高的离地间隙。最终传动按传动形式可分为普通齿轮减速和行星齿轮减速两种。

(2) 无最终传动驱动桥。无最终传动驱动桥,结构简单,如图3-8所示。由于没有最终传动,为了获得足够的牵引力,只有提高分配在中央传动主减速器的传动比,从而增加了差速器的负荷,加大了差速器及其以后传动部件的尺寸。小型拖拉机一般采用这种结构。

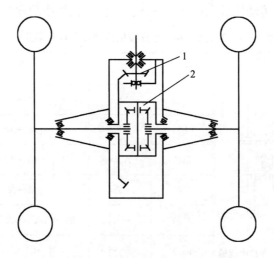

图3-8 无最终传动驱动桥
1. 中央传动 2. 差速器

3.3 拖拉机的行走系统

行走系统的主要功用是把由发动机传递到驱动轮上的驱动扭矩变为拖拉机工作所需的牵引力,支撑拖拉机的重量,保证拖拉机的行驶。轮式拖拉机和履带拖拉机行走系统的构造不同,轮式拖拉机通过车轮的转动在地面上行走,履带拖拉机通过履带的卷动在地面上行走。

3.3.1 拖拉机行走系统的特点

(1) 轮式拖拉机行驶系统的特点。轮式拖拉机行驶系统采用了弹性较好的充气橡胶轮胎,具有良好的缓冲、减震性能,而且行驶阻力小,因此轮式拖拉机行驶速度高,机动性好。尤其随着轮胎性能的提高以及超宽基超低压轮胎的应用,轮式拖拉机的通过性能和牵引力都比过去有了较大的提高。近年来轮式拖拉机在农业生产中应用的比例也越来越大。

(2) 履带式拖拉机行驶系统的特点。与轮式拖拉机行驶系统相比,履带式拖拉机行驶系统的支撑面大,接地比压小,一般在0.05 MPa左右,所以在松软土壤上的下陷深度不大,滚动阻力小,而且履带板上制有履刺,可以深入土内,因此,它比轮式行驶系的牵引性能和通过性能好。

3.3.2 拖拉机行走系统的组成

履带式拖拉机由车架、履带行走装置和悬架等组成，如图3-9所示；轮式拖拉机行驶系统由车架、车桥（包括有驱动机构的前桥）、车轮（导向轮和驱动轮）及悬架（部分轮式拖拉机前桥）等组成。

（1）拖拉机的车架。车架介于车桥（轮式）或行走装置（履带式）与拖拉机机体之间，是支撑和连接拖拉机各部分的基础使拖拉机成为一个整体。目前绝大多数轮式拖拉机采用偏转前轮转向方式，这些轮式拖拉机和履带式拖拉机都采用整体式车架。

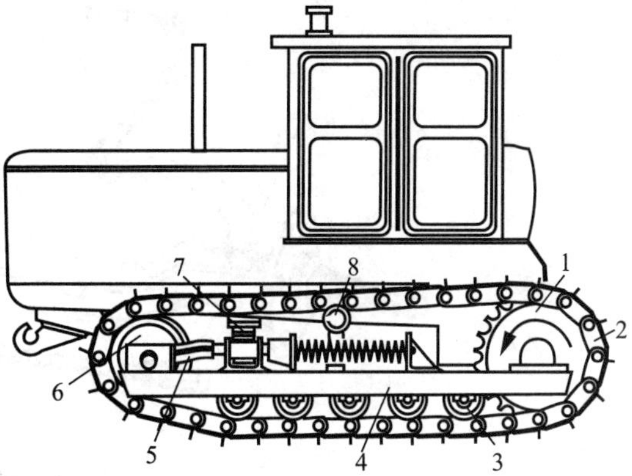

（2）转向桥。转向桥除支撑机械质量外，还兼转向作用。拖拉机转向桥主要由前轴、转向节、主销和轮毂等组成。

（3）车轮和履带。轮式拖拉机和履带拖拉机行走机构不同，轮式拖拉机通过车轮在地上行走，履带拖拉机通过履带的卷动在地面行走。其功用是支撑车重，传递驱动力矩和制动力矩，保证拖拉机与路面间有良好的附着性，确定拖拉机的行驶方向和悬架共同缓和路面的冲击、减少振动。

图3-9 履带式拖拉机行走系统
1. 驱动轮 2. 履带 3. 支重轮 4. 台车架 5. 张紧装置
6. 导向轮 7. 悬架弹簧 8. 拖链轮

3.4 拖拉机的转向系统

拖拉机在行驶或作业过程中，根据需要改变其行驶方向，称为转向。控制拖拉机转向的机构，称为拖拉机的转向系。转向系的功用是使拖拉机按照需要保持稳定的直线行驶或准确灵活地改变行驶方向。

3.4.1 轮式拖拉机转向系统的组成及转向过程

1. 轮式拖拉机转向系统的组成 机械式偏转车轮转向系统主要由方向盘、转向器和转向传动机构组成，如图3-10所示。方向盘通过转向轴与转向器相连，转向垂臂、转向纵拉杆、转向臂、转向节臂和转向横拉杆组成转向传动机构。其中转向横拉杆、前轴和两个转向节臂组成转向梯形机构。

2. 轮式拖拉机转向系统的工作过程 转向时，驾驶员转动方向盘，通过转向轴带动转向器的蜗杆转动，通过和蜗杆啮合的滚轮（或曲柄指销等）带动转向垂臂轴及转向垂臂，使之产生摆动，再通过转向纵拉杆和转向臂，使左转向节及左转向轮绕转向主销偏转。与此同时左转向节臂通过转向横拉杆和右转向节臂，使右转向节及右转向轮绕右侧转向主销向同一方向偏转。转向梯形机构则可使左、右转向轮偏转不同的角度，从而确保转向时各车轮绕统一的转向中心转动。

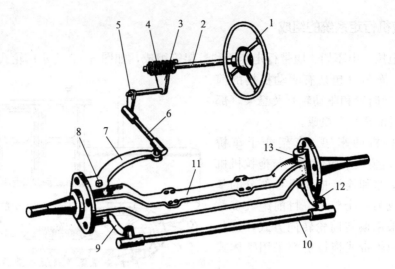

图 3-10 轮式拖拉机转向系统
1. 方向盘 2. 转向轴 3. 蜗轮 4. 蜗杆 5. 转向垂臂 6. 纵拉杆 7. 转向臂
8. 主销 9. 左转向节臂 10. 横拉杆 11. 前轴 12. 右转向节臂 13. 右转向节

3. 差速锁、差速器

（1）差速器。差速器如图 3-11 所示。轮式拖拉机转向时，其内、外侧驱动轮驶过的距离不同。如果内、外侧驱动轮转速相同，则内侧轮相对路面滑转，外侧轮相对路面滑移，会形成很大的附加转向阻力矩，使拖拉机转向困难，并增加轮胎的磨损。因此，在左、右驱动轮间设置差速器，它在把动力传递给左、右半轴时，允许左、右半轴及左、右驱动轮以不同的转速转动。

（2）差速锁。差速锁装在车的前、后桥或各驱动桥之间。当拖拉机行驶的路况不理想，特别是左右两侧驱动轮的附着力不一样时（如冰雪、泥坑、沙地等），由于差速器的作用，越是打滑的车轮将会转得越快，差速器将发动机输出的扭矩大部分甚至全部传送到打滑的车轮上，而没有打滑的车轮却分不到足够的扭矩

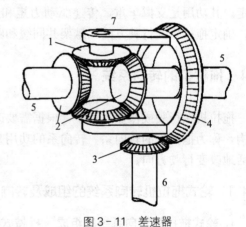

图 3-11 差速器
1. 行星齿轮 2. 太阳齿轮 3. 齿轮
4. 差速器侧面锥形齿轮 5. 输出轴
6. 输入轴 7. 框架

维持车辆行驶，拖拉机抛锚。差速锁有效地解决了这一问题。所谓差速锁就是在一侧驱动轮打滑的时候能够自动或手动的将左右两侧驱动轮刚性连接，两侧车轮就会以相同的转速旋转，将发动机的输出扭矩平分，很好地解决了抛锚的问题。

差速锁或把半轴齿轮与差速器壳联锁，或把左、右半轴（或把左、右驱动轴）联锁，使差速器失去差速作用，提高了拖拉机的牵引性能及通过性。差速锁结构简单，锁止工作可靠，但使用时必须注意及时的接合与分离。

3.4.2 手扶拖拉机转向系统的组成及转向过程

（1）手扶拖拉机转向系统的组成。手扶拖拉机转向系统由中央传动从动齿轮、转向拨叉、转向拉杆、转向臂、把套、转向把手等部件组成，如图3-12所示。

（2）手扶拖拉机转向系统的转向过程。手扶拖拉机正常行驶时，左、右两个牙嵌式转向离合器接合，两转向齿轮与中央传动从动齿轮嵌合在一起，将动力传给驱动轮。

手扶拖拉机平地行驶和上坡过程中，需要左转向时，捏住左侧转向把手，通过拉杆、转向臂拉动转向拨叉，使左侧的转向齿轮向左移动，转向齿轮的结合爪与中央传动从动齿轮左侧结合爪脱离，左侧驱动轮的动力被切断而不产生驱动力，而右侧驱动轮仍照常转动，于是拖拉机向左转弯。转弯后，松开转向把手，恢复动力传递，拖拉机又开始直行。反之，向右转向时捏住右侧转向把手。

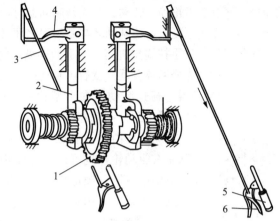

图3-12 手扶拖拉机转向系统
1. 中央传动从动齿轮　2. 转向拨叉　3. 转向拉杆
4. 转向臂　5. 把套　6. 转向把手

手扶拖拉机下坡过程中，转向的操作与平地时正好相反，即向右转向时捏住左侧转向把手，而向左转向时捏住左侧转向把手。

3.5 拖拉机的制动系统

拖拉机的制动系统的功用是对拖拉机驱动轮产生阻力矩，实现减速、紧急停车和协助转向。当拖拉机进行固定作业或在坡道停车时，可防止驱动轮滚动。不论是在轮式拖拉机上还是在履带式拖拉机上，为了协助转向，对两侧驱动轮各设有一套独立的制动系统，能单独操纵（单边制动）或联动操纵（整车制动）。

3.5.1 制动系统的组成

拖拉机的制动系统由制动器和制动操纵机构两部分组成。制动器（刹车）是用来对运转中的驱动轮产生制动的装置，制动操纵机构是用来操纵制动器使之制动或放松的机构。目前拖拉机上使用的制动器是摩擦式的，它主要由旋转元件和制动元件组成。根据制动元件形状的不同，摩擦式制动器分内涨式、盘式、蹄式和带式等几种类型。

3.5.2 几种拖拉机的制动系统

1. 手扶拖拉机的制动系统　手扶拖拉机只用一个制动器将两个驱动轮同时制动。东风-12型拖拉机采用的内涨环式制动器，由制动器杆（制动凸轮）、制动环和制动毂等组成。制动齿轮与制动毂做成一体，在制动毂内侧，其中央是花键孔，套装在变速箱的副变速轴上。

制动环为一开口圆环，安放在制动毂内，制动器杆支撑在传动箱内，一端为腰鼓形凸轮，伸入变速箱插在制动环的开口处，另一端在箱体外与制动器连杆连接。制动时，由操纵机构使制动器杆转动，使端部的凸轮将制动环撑开，迫使制动环的外表面压向制动毂内壁，利用产生的摩擦力使制动齿轮停止转动。当松开制动器时，制动器杆将恢复原位，被撑开的制动环在其自身的弹力作用下复原，使制动环与制动毂之间又出现间隙，制动齿轮又可以自由转动。

操纵机构通过手扶拖拉机离合器手柄操纵，使制动器与离合器由同一手柄杆分阶段动作。手柄杆向后拉，先分离离合器，然后再制动；反之，在接合离合器之前，先松开制动器。

2. 蹄式制动器 蹄式制动器在小型轮式拖拉机上应用较广，泰山-12、泰山-25、神牛-25等型拖拉机均采用此种制动器。

蹄式制动器

盘式制动器

带式制动器

操纵机构由左右制动踏板、拉杆及联锁片等组成。左右制动踏板可分别控制左右驱动轮，也可以通过联锁片将左右制动踏板联锁统一制动。制动器操纵机构中有制动锁定装置（定位锁块和定位爪），当需要长时间制动时，在踩下制动踏板后，用定位爪和定位锁块将制动踏板保持在制动位置。

3. 盘式制动器 在大型轮式拖拉机上多采用盘式制动器，上海-50和铁牛-55型拖拉机均采用盘式制动器。

4. 带式制动器 东方红-802型拖拉机采用单端拉紧式制动器，即操纵式制动带，有一端总是固定端，另一端总是拉紧端。这种制动器只有制动毂向一定的方向旋转时（拖拉机前进时），制动时作用在制动带上的摩擦力有助于制动带的拉紧；反之，当拖拉机在倒退时使用刹车，摩擦力将阻碍制动带的拉紧，使操纵多费好几倍的力气，这是单端拉紧式制动器的缺点。

东方红-802型拖拉机制动器的操纵机构主要由制动器踏板、踏板杠杆、制动器拉杆等组成。左右制动踏板分别操纵左右制动器，协助转向。这种制动器在履带式拖拉机上用得较多，因为在结构安排上，它和转向机构连在一起，在履带式拖拉机的后桥中布置比较方便。

3.5.3 拖拉机挂车的制动

对挂车的制动除有的采用机械式操纵机构外，部分轮式拖拉机挂车采用气动式制动系统。

1. "给气"控制制动 空气压缩机由曲轴皮带轮经三角皮带驱动，产生并排出压缩空气，经管道通向储气筒。储气筒装有安全阀、放气阀、气压表、进出气管道等。出厂时已将安全阀的开启压力调到670 kPa。当储气筒内气体压力超过此压力时，安全阀自动开启。放气阀的作用是放出储气筒内的积油、积水及余气，此外，还可以利用放气阀给轮胎充气。

刹车阀通过制动踏板操纵，是用以控制储气筒与制动气室间、制动气室与大气间两个通道以及输往制动气室的压缩空气压力大小的装置。当踏下制动踏板时，刹车阀拉臂压向挺杆及平衡弹簧，推动导向套，打开进气阀，储气筒的压缩空气进入制动气室，在压缩空气的作用下，制动气室推杆推动制动臂，使蹄式制动器的刹车凸轮转动气室的通路，同时，沟通了制动气室与大气的道路将压缩空气排入大气，在弹簧的作用下，凸轮、推杆、制动蹄片各自回位，制动结束。

这种只备有制动气室和制动器"给气"控制制动装置的挂车，在行驶中不够安全，特别是在拖拉机与挂车之间分离时，无法控制挂车刹车。

2. "断气"控制制动 为了更安全地保证拖拉机—挂车机组的行驶，在一些载重较大的拖拉机—挂车机组装配了"断气"控制制动系统。

在行驶中，当挂车因意外事故失控与拖拉机分离时，挂车能在此情况下依靠挂车储气筒中的压缩空气，在"断气"情况下紧急制动，保证行驶的安全。

3.6 拖拉机的工作装置

拖拉机的工作装置包括液压悬挂装置、动力输出轴、液压动力输出、牵引装置及动力输出皮带轮等，拖拉机发动机的动力就是通过这些装置传送给农机具或其他农业机械、液压执行元件（液压缸或液压马达），用来完成拖拉机的各种作业，提高拖拉机的综合利用性能。

3.6.1 动力输出装置

机械式动力输出包括动力输出轴和动力输出皮带轮，它们都是将拖拉机发动机功率的部分乃至全部，以旋转机械能和往复运动机械能的方式，传送到需要动力的农机具上的一种工作装置。

1. 动力输出轴 动力输出轴是指在拖拉机上，将发动机动力输送给农机具的轴。由于拖拉机功率的增大，为了优化其功率的利用，动力输出轴的形式及布置方案也多种多样。动力输出轴多数布置在拖拉机的后面，也有布置在拖拉机前面或侧面的。根据动力输出轴的转速数可分为标准转速式动力输出轴和同步式动力输出轴。

（1）标准转速式动力输出轴。动力输出时，其动力由发动机经离合器直接传递，也就是说动力输出转速只取决于拖拉机的发动机转速，与拖拉机的行驶速度无关，标准转速式动力输出轴如图3-13所示。

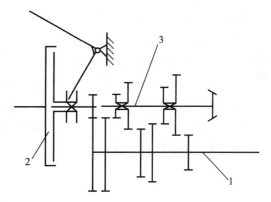

图3-13 标准轻速式动力输出轴
1. 动力输出轴 2. 主离合器 3. 变速箱第二轴

（2）同步式动力输出轴。无论变速箱换入哪个挡，动力输出轴的转速总是与驱动轮的转速"同步"。同步式动力输出轴用来驱动那些工作转速需适应拖拉机行驶速度的农机具，如播种机和施肥机等，以保证播量均匀，如图3-14所示。

2. 动力输出皮带轮 拖拉机上安装动力输出皮带轮，用以进行各种固定作业，如抽水、脱粒和发电等。动力输出皮带轮是一个独立的部件，可根据需要安装，不用时拆下保存，以免妨碍工作。多数拖拉机在其后面安装

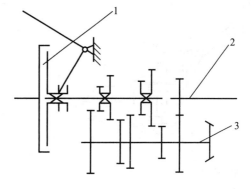

图3-14 同步式动力输出轴
1. 主离合器 2. 动力输出轴 3. 变速箱第二轴

动力输出皮带轮，如图3-15所示，它套在动力输出轴后端的花键上；个别拖拉机布置在变速箱左侧，如图3-16所示，或右侧，由专门的传动齿轮驱动。动力输出皮带轮的轴线应与拖拉

机驱动轮轴线平行，以便通过前后移动拖拉机来调整动力输出皮带的张紧度。为增大皮带传动的包角，减少皮带打滑，应保持紧边在下，松边在上。

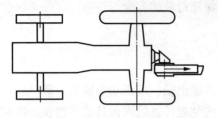

图3-15 后置皮带轮的布置

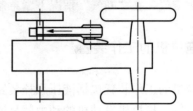

图3-16 左侧皮带轮的布置

3.6.2 牵引装置

把拖拉机与农机具连接起来的装置叫做牵引装置。拖拉机牵引装置上连接农机具的铰接点称为牵引点。

牵引装置分为固定式牵引装置和摆杆式牵引装置。

（1）固定式牵引装置。固定式牵引装置的牵引架直接或间接固定在后桥壳体上，牵引板有孔，通过牵引销使拖拉机与农机具连接，如图3-17所示。

（2）摆杆式牵引装置。摆杆式牵引装置牵引杆的前端自轴销与固定的牵引叉销铰接。牵引杆的后端由定位销固定在牵引板上。农机具的辕杆挂接在牵引卡的销孔内，通过牵引销相连。摆杆式牵引装置的摆动中心位于牵引板的前方，因此牵引机组的受力情况合理，转向阻力矩比较小，机组的行驶直线性良好，如图3-18所示。

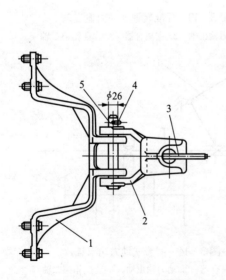

图3-17 固定式牵引装置
1.牵引架 2.牵引叉 3.牵引销总成
4.锁紧销 5.长销

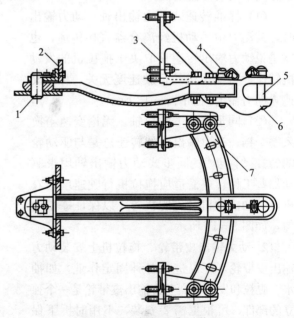

图3-18 摆杆式牵引装置
1.轴销 2.牵引插销 3.牵引板 4.定位销
5.牵引销 6.牵引杆 7.牵引架

3.6.3 液压悬挂装置

用液压提升和控制农机具的整套装置叫做液压悬挂装置。液压悬挂装置由液压系统、操纵机构和悬挂机构三部分组成。

液压悬挂装置的功用是连接和牵引农机具；操纵农机具的升降；控制农机具的耕作深度或提升高度；给拖拉机驱动轮增重，以改善拖拉机的附着性能；把液压能输出到作业机械上进行其他操作。

【基本技能】

实训 3.1　拖拉机的检查与调整

1. 方向盘自由行程的检查调整　在实际使用中常通过观测方向盘自由行程来判断转向操纵机构总成的技术状况。影响方向盘自由行程的主要因素有转向扇形齿轮的啮合间隙，固定销与转向螺母之间的配合状况，转向轴轴向游隙和纵拉杆球接头的间隙等。

拖拉机方向盘自由行程正常值为左右方向各不大于 15°。过大会引起连接件的加剧磨损，影响转向系在工作中的可靠性；过小行驶时驾驶操纵方向困难。当超过 30°时，应加以调整。调整方法如下：

（1）调整方向盘自由行程前应先检查前轮轴承。如转向主销与衬套配合间隙过大，应予消除。检查纵拉杆，转向臂和转向摇臂是否变形、松动，如有则应消除。

（2）转向器轴止推轴承的调整。止推轴承间隙过大，将引起转向轴的轴向窜动。检查时用手握住方向盘，并沿其轴向推拉。如轴向间隙过大应调整，调整时拆下方向盘，打开保险垫片，然后松开螺母，用扳手旋转转向轴滚珠上座，待间隙消除后再将螺母拧紧，锁好保险垫片，安装方向盘。

（3）固定销与转向螺母的调整。当固定销头部和转向螺母连接处由于磨损而使间隙增大时，方向盘会产生松动现象，可以通过改变固定销与扇形齿传动轴连接处的垫片的厚度来调整间隙。调整方法：松开固定销的螺栓，抽去垫片，调整到固定销和转向螺母的配合以无间隙但又能用很小的力矩把转向螺母转动为宜。

2. 离合器踏板自由行程的检查调整

离合器踏板的自由行程是指开始踩下离合器踏板到离合器起作用，踏板移过的行程。可通过调整离合器自由间隙来实现离合器踏板自由行程的调整。

（1）离合器自由间隙的检查调整。检查前应松放离合器踏板，把厚薄规塞入分离杠杆的球头与松放轴承之间，测量此间隙值。如间隙值不符合要求，则进行如下调整：

松开锁紧螺母，依次调整三个分离杠杆上的调整螺母。拧紧螺母，则使自由间隙减少，相反，松退螺母，则使自由间隙增大。

三个间隙均达到要求时，锁住锁紧螺母。调整后应使三个分离杠杆的端面处在同一平面内。

（2）离合器踏板自由行程的检查与调整。离合器自由间隙正常时，踏板行程应在规定范围之内。若不符，松开拉杆锁紧螺母，转动拉杆改变其工作长度，直到自由行程符合要求。调好后，将调整螺母锁紧。

离合器踏板自由行程的检查与调整

3. 制动器踏板自由行程的调整　调整方法是通过改变操纵机构中可调拉杆的长度进行。调整时,松开锁紧螺母,转动调节叉或调节螺母,即可改变拉杆的工作长度。调整要求拖拉机左、右制动器踏板的自由行程必须一致。

实训 3.2　拖拉机的驾驶

1. 拖拉机出车前的检查内容　出车前的检查应在每工作 8 小时后进行一次。

(1) 检查柴油、机油、冷却水、制动液是否加足。不足应补充,并检查有无渗漏现象。

(2) 检查轮胎气压是否足够,不足应充足。

(3) 发动机启动后,在不同转速下检查发动机和仪表的工作是否正常。

(4) 检查灯光、喇叭、刮水器、指示灯是否正常。

(5) 检查离合器、制动器是否正常有效。

(6) 检查转向器是否灵活。

(7) 检查各连接件有无松动现象。

(8) 检查蓄电池接线柱清洁及接线坚固情况,通气孔是否畅通。

(9) 检查随车工具、附件是否带齐。

(10) 检查装载物是否合理、安全可靠。

2. 拖拉机启动前须做的准备

(1) 拖拉机在启动前必须完成预定的技术保养,加足清洁燃油和冷却软水。

(2) 检查油底壳油面和轮胎气压,拧紧各部件螺栓和螺母。

(3) 将变速手柄、动力输出轴操纵手柄放在空挡位置。

(4) 在减压的情况下摇转曲轴数圈,使润滑油提前润滑各部,避免启动时由于半干摩擦造成零件的非正常磨损,然后按照不同方法和要求启动拖拉机。

拖拉机的启动方法有启动机启动、电动机启动、柴油换汽油启动和手摇启动四种。

3. 拖拉机操纵机构的运用

(1) 方向盘。方向盘是用来操纵拖拉机的行驶方向的机件,它的正确握法是:两手分别握稳方向盘边缘左右两侧,按钟表时针面"小时"的位置,左手握在 9～10 时之间,右手握在 3～4 时之间。拖拉机在坎坷不平的道路上行驶时,应双手紧握方向盘。行驶中,除有一手必须操纵其他装置外,不得用单手操纵方向盘,也不要双手集中一点去握方向盘。手握方向盘的位置如图 3-19 所示。

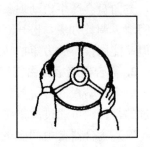

图 3-19　手握方向盘的位置

(2) 离合器踏板。离合器踏板是发动机的动力与传递部分结合或分离的机件。操作时用左脚掌踩踏板。踏下即分离,动作要迅速、果断。抬脚即结合,要缓慢且有层次。脚放在离合器踏板的左下方,操作时不准用脚心或脚后跟踩踏。行驶中,不得将脚放在离合器踏板上,以免离合器出现半联动状态,加速离合器的磨损。左脚踩踏离合器踏板如图 3-20 所示。

(3) 制动踏板。制动踏板是车轮制动器的操纵装置,用以减速或停车。使用脚制动器时,应两手稳握方向盘,右脚离开油门踏板并踏下制动踏板。右脚跟靠住驾驶室底板,以踝关节的伸屈为主踏下或放松,以达到拖拉机平稳停车的目的。

(4) 油门踏板。驾驶员右脚跟靠在驾驶室底板上作为支点,脚掌轻踏油门踏板上,用踝关节的伸屈动作踏下或放松踏板。动作要轻踏、缓踏;不要连续抖动和用脚后跟踩踏。在行驶中,除踏制动器踏板时,脚不准离开或脚全放上。右脚踩踏油门踏板如图3-21所示。

图3-20 左脚踩踏离合器踏板　　图3-21 右脚踩踏油门踏板

(5) 变速杆。变速杆用球头安装在变速杆上端,可左右前后摆动。当拨动变速杆时,通过拨叉将滑动齿轮拨至相应位置,以便进行换挡。变速杆球头的握法是用手掌贴住球头,五指握向手心,把球头自然地握在掌心。手握变速杆如图3-22所示。

(6) 液压悬挂系统操纵手柄。小型轮式拖拉机的液压系统是操纵悬挂农机具的动力装置。它靠操纵手柄来控制农机具的提升高度和耕作深度。操纵手柄有四个工作位置:提升、中立、浮动、下降。

图3-22 手握变速杆

4. 拖拉机的启动　拖拉机的启动一般采用电启动,启动时人员禁止靠近可能导致伤害的部位,如机器旋转部位、运动机械的前后等,禁止使用短路启动的方式启动柴油机。

(1) 启动柴油机时应确定变速箱处于空挡位置。

(2) 将喷油泵的油门放在接近最大供油位置,停油手柄应保持在离开停油位置。

(3) 拨动锁式开关接通电源,按下启动按钮,启动柴油机。当环境温度低于-10 ℃时,对于带启动预热功能的柴油机,可先打开预热开关,预热约30 s,柴油机即可顺利启动。

(4) 每次启动柴油机时,启动机的工作时间不要超过10 s,以保护启动机和蓄电池。如果一次未能启动,要停1~2 min再进行下一次启动。如果连续三次不能启动,应查明原因,排除故障后再启动。

5. 拖拉机的起步程序

(1) 发动机启动后,应以中速空转,预热发动机,并检查运转情况和仪表读数,检查空气滤清器和进气管道的密封性,待水温上升到40 ℃以上方可起步。

(2) 拖拉机启动前,应检查拖挂的农机具或挂车的连接情况,悬挂农机具应升起,查看周围有无人、畜和其他障碍物。

(3) 起步时应挂低速挡,鸣喇叭,再缓松离合器踏板,适当加大油门平稳起步,夜间及浓雾视线不清时,须同时打开前、后灯。

(4) 轮式拖拉机在上坡途中起步,应一手握住方向盘,一手控制油门(适当加大),右脚缓慢松开制动器,左脚同时缓慢松开离合器,使拖拉机缓慢起步。

(5) 在下坡途中起步,应在慢松制动器的同时,缓松离合器,使机车平稳起步而又不发生溜坡现象。

(6) 拖拉机田间作业起步，应在缓松离合器的同时，加大油门，若使用双作用离合器，应先使作业机械运转正常后再行起步。

(7) 正在犁地作业的拖拉机起步，应使农机具升起，同时使拖拉机缓慢倒退，待农机具离开地面后，再挂前进挡，并下降农机具进行正常作业。

6. 拖拉机换挡变速　拖拉机在行驶途中，由于负荷和道路情况的变化，驾驶员需要经常变换速度。一般说，换挡变速应在停车时进行，特别是履带拖拉机。轮式拖拉机在公路上行驶，应在不停车状态下换挡，但要掌握时机，采取"两脚离合器"操作法，即在两个啮合齿轮的速度趋于相等时换挡，这样可做到无声啮合。

(1) 由低速变高速时，"两脚离合器"操作要领。

① 稍加油门，提高车速。

② 减小油门，踩下离合器踏板，同时迅速将变速杆移入空挡位置，随即放松离合器踏板。

③ 再次踩下离合器踏板，将变速杆移入高一级挡位后，放松离合器踏板，加大油门，使拖拉机继续行驶。操作熟练后，也可不必踩两次离合器踏板，只需在第一次踩下离合器踏板时，使变速杆在空挡稍停一会，然后再挂入高速挡位。

(2) 由高速换低速时，"两脚离合器"操作要领。

① 减小油门，降低车速。

② 踩下离合器踏板，迅速将变速杆移入空挡位置，随即放松离合器踏板。

③ 迅速空轰一下油门，提高发动机转速。再次踩下离合器踏板，将变速杆移入低一级挡位，放松离合器踏板。换挡过程中，动作要迅速、敏捷、准确，使变速杆在踩离合器和油门的掌握上互相配合好，油门加大或减小的程度应根据车速适当控制，车速越快，油门变动量也应越大。

(3) 载重拖拉机在上、下坡前，应根据情况提前换低速挡，严禁上、下坡途中变换挡位，防止换不上挡而造成空挡滑行发生事故。

(4) 换挡时，两眼要注视前方道路，左手握紧方向盘，注意道路及行人车辆情况。

7. 拖拉机转向　拖拉机的转向，除应对弯道的角度有正确的估计外，还应了解拖拉机限制转弯的两个因素：

(1) 最小转弯半径。对于轮式拖拉机，将方向盘向右（左）转到极限位置，绕圆圈行驶，其外侧前轮轨迹的半径，即为拖拉机最小转弯半径。轴距短的拖拉机转弯半径小。方向盘转向角度越大，转弯半径越小。

(2) 内轮差。轮式拖拉机转弯时，内侧前轮轨迹和内侧后轮轨迹的半径差称为内轮差。内轮差的大小与转向角度、轴距有关，转向角度愈大，轴距愈长，内轮差愈大，反之则小。拖拉机牵引挂车时的内轮差要比单车时大。

因此，拖拉机转弯时，就要估计最小转弯半径和内轮差，既要注意不使前轮越出路外，又要防止后轮掉沟或碰路上障碍物。应做到：减速缓行，运用方向盘与车速配合，及时转，及时回，转角适当，平稳转弯；要根据道路和交通情况，在弯道前 50~100 m 发出转弯信号，并随时做好制动准备。

8. 拖拉机制动　拖拉机制动方法按其性质可分为预见性制动和紧急制动两种。

（1）预见性制动。就是驾驶员在行车途中，根据道路、障碍、行人及交通情况，提前做好思想准备，有目的地减速或停车。方法是减小油门，利用发动机的牵阻作用来降低拖拉机的惯性力，使车速减慢。若要进一步尽快减速，应先踩下离合器踏板，再踩制动踏板，使车速迅速降低，直到停车。

（2）紧急制动。就是在行车时遇到突然情况，迅速准确地使用离合器和制动器，使拖拉机紧急停车。其方法是握紧方向盘，迅速减小油门，急踩离合器和制动器踏板，随即摘挡。紧急制动对拖拉机各部件和轮胎都有较大损伤，所以只在紧急情况下才采用。

9. 拖拉机倒车 倒车时，如需使车尾向左，则向左转方向盘（或分离左操纵杆、踩下左制动器踏板）；如需使车尾向右，则向右转方向盘（或分离右操向杆，踩下右制动器踏板），并根据选定目标及时回正方向盘。拖拉机倒车时应注意车后的道路、障碍物和行人。

10. 拖拉机停放 拖拉机的停放应选择适宜地点。在公路上的停放地点要符合交通规则，以保证安全。机库或停放场地的地面要坚实平坦，且便于进行班次保养和再次出车。

停车前应减小油门、降低车速。开到停车点后，及时分离离合器，制动，将变速杆拨入空挡，然后接合离合器，让柴油机继续空转几分钟，使水温、机油温度逐渐降低，再关闭油门熄火。

拖拉机需较长时间停放时，将柴油机熄火，踩下制动器踏板，并用锁定爪将踏板锁定。如果拖拉机在坡地停放，除采取上述措施外，还应挂上挡（上坡位置挂低挡，下坡位置挂倒挡），并用木头或石块垫住轮胎。

拖拉机在冬季停放要防冻，把冷却水放净；夏季露天停放时要防晒，最好选择阴凉的地方；露天停放时要防止雨、雪进入排气管。

实训 3.3 拖拉机液压悬挂装置的使用与调整

悬挂式农机具是被悬挂装置悬吊在拖拉机上的，所以不必有独立的行走机构。在大功率拖拉机上，由于采用重型或宽幅农机具配合工作，拖拉机组的稳定性会明显下降，因此要采用半悬挂式连接，即农机具无论在工作状态或运输状态，都有部分结构重量仍由农机具的地轮承受。液压悬挂装置除实现部分农机具结构重量向拖拉机驱动轮转移外，还用于升、降农机具的工作机构，如图 3-23 所示。

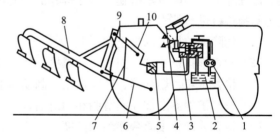

图 3-23 液压悬挂装置简图
1. 油泵 2. 油箱 3. 分配器 4. 操纵手柄 5. 油缸
6. 下拉杆 7. 提升杆 8. 农机具 9. 上拉杆 10. 提升臂

1. 水平调整 调整拖拉机左右斜拉杆长度，以保证农机具机架水平。

2. 耕深调整 耕地时，拖拉机有轮在犁沟里行驶，左轮在未耕地上行驶，所以右斜拉杆长度应比左斜拉杆的长度短一犁沟深度的尺寸。调整上拉杆长度，保证农机具前后耕深一致。

3. 手柄调整 带地轮的悬挂农机具工作时，提升手柄放在下降位置，靠地轮沿地面仿形而保证耕深。调整限位链，以防农机具在工作中左右摆动过大而碰到后轮。

4. 运输状态调整 拖拉机悬挂农机具行驶时，应缩短拉杆，使农机具提升到最高位置，保证离地间隙。然后用锁紧轴手柄将农机具锁定在运输位置，以防农机具下落造成事故和避免因农机具震动使液压油缸受到冲击。

5. 农机具锁定 锁定农机具前应使农机具完全提升，然后把锁紧轴手柄扳到锁室位置，再把提升手柄放到下降位置，使油缸卸荷。松开锁定轴时，必须把提升手柄扳到提升位置，等农机具升到提升位置时才可转动提升轴。

6. 使用中的注意事项

（1）拖拉机牵引有地轮的农机具工作时，提升手柄不允许放在中立位置。

（2）拖拉机悬挂农机具工作到地头时，必须把提升小手柄扳到提升位置，使农机具升起后再转弯。拖拉机回转进入垄沟时，再将农机具放下。提升或下降农机具应在拖拉机行驶中进行。

（3）拖拉机不使用液压系统时，应将油泵离合手柄放在分离位置。

（4）液压系统内不准加入废机油，以免油泵过早磨损。

（5）油缸活塞无泄油阀的小四轮拖拉机，农机具提升到最高位置后，手柄应回到中立位置。

实训 3.4　拖拉机的班次保养

拖拉机使用过程中，由于各种恶劣因素的作用，零部件的工作能力会逐渐降低或丧失，使整机的技术状态失常。另外，燃料、润滑油、冷却水、液压油等工作物质也会逐渐消耗，使拖拉机的正常工作条件遭到破坏，加剧整机技术状态的恶化。针对拖拉机零部件技术状态恶化的表现形式以及工作物质消耗的程度，驾驶员、修理工适时采取清洗、紧固、调整、更换、添加等维护性能技术措施，以保持零部件的正常工作能力和拖拉机的正常工作条件，称之为对拖拉机进行技术保养。

（1）清除拖拉机上的尘土和污泥。

（2）检查拖拉机外部紧固螺母和螺栓，特别是前、后轮的螺母是否松动。

（3）检查水箱、燃油箱、转向油箱、制动器油箱及蓄电池的液面高度，不足时添加。

（4）按维护保养图加注润滑脂和润滑油。

（5）检查并调整主离合器踏板高度。

（6）检查前后轮胎气压，不足时按规定值充气。

（7）检查拖拉机有无漏气、漏油、漏水等现象，如有应及时排除。

（8）按柴油机生产厂家提供的使用保养说明书中"日常班次技术保养"的要求对柴油机进行保养。

模块4 农用电动机

【内容提要】

电动机是将电能转变为机械能的一种机器。本模块主要介绍农村常用的三相异步电动机和单相异步电动机的基本原理、工作过程、正确选购及日常使用与维护等方面的内容。

通过本模块的学习，树立生态优先、节约集约、绿色低碳发展意识，为美丽中国建设贡献自己的力量。

【基本知识】

4.1 电动机概述

电动机的种类很多。按照电源性质不同，分为交流电动机和直流电动机。交流电动机按其磁场与转子转速的关系，分为同步电动机和异步电动机。异步电动机按供电电源相数不同，又可分为三相异步电动机和单项异步电动机。异步电动机具有结构简单、制作容易、工作可靠、维护方便、经久耐用、价格低廉等优点，被广泛应用于工农业生产中。

4.2 异步电动机的基本组成及工作过程

4.2.1 三相异步电动机的基本结构与工作原理

1. 三相异步电动机的基本结构 三相异步电动机主要由两大部分组成，如图4-1所示，一个是静止部分，称为定子；另一个是旋转部分，称为转子。转子装在定子腔内。为保证转子能在定子内自由转动，定子与转子之间必须有一定的间隙，称为气隙。此外，在定子两端还装有端盖等。

（1）定子。定子主要由机座、定子铁心和定子绕组等三部分组成。

① 机座：机座是电动机的外壳和支架，用来固定和保护定子铁心及定子绕组并支撑端盖。中小型异步电动机的机座一般都采用铸铁制作，小机座也有用铝合金制作的。机座上设有接线盒，用来连接绕组引线和接入电源。为了便于搬运，在机座上面装有吊环。

② 定子铁心：定子铁心是电动机磁路的一部分，如图4-2所示，一般用0.5mm厚的硅钢片叠压而成。每一片硅钢片的表面均涂有绝缘漆或表面经氧化处理形成氧化膜，使片间相互绝缘，以减小交变磁通引起的涡流损耗。在定子冲片的内圆均匀地分布有许多槽，用以嵌放定子绕组。

③ 定子绕组：定子绕组是电动机的电路部分。三相异步电动机有三个独立的绕组（即三相绕组）。每相绕组包含若干线圈，每个线圈又由若干匝构成。中小型电动机的线圈一般

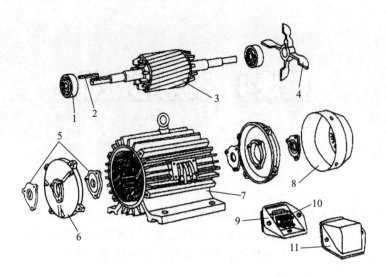

图 4-1 鼠笼式三相异步电动机的结构
1. 轴承 2. 键 3. 转子 4. 风扇 5. 轴承盖 6. 端盖 7. 定子
8. 风罩 9. 接线盒座 10. 接线板 11. 接线盒盖

采用高强度漆包圆铜线绕制而成。三相绕组按照一定的规律依次嵌放在定子槽内,并与定子铁心之间绝缘。当定子绕组通以三相交流电时,便会产生旋转磁场。

(2) 转子。转子由转子铁心、转子绕组和转轴等组成。

① 转子铁心:转子铁心也是电动机磁路的一部分,如图 4-3 所示,一般用 0.5 mm 厚的硅钢片叠压而成,在硅钢片的外圆上均匀地冲有许多槽,用以浇铸铝条或嵌放转子绕组。转子铁心压装在转轴上。

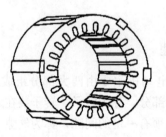 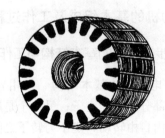

图 4-2 定子铁心　　　　图 4-3 转子铁心

② 转子绕组:转子绕组分为笼型和绕线型两种。农用电动机大多为笼型转子绕组。这种绕组由插入每个转子铁心槽中的裸导条与两端的环形端环连接组成。如果去掉铁心,整个绕组就像一只笼子,故称为笼型转子绕组,如图 4-4 所示。中小型异步电动机的笼型转子绕组,一般都用铝液浇入转子铁心槽中,并将两个端环与冷却用的风扇翼浇注在一起。

(3) 转轴。转轴的作用主要是支撑转子,传递转矩,并保证定子与转子之间具有均匀的气隙。气隙也是电动机磁路的一部分。气隙越小,功率因数越高,空载电流越小,中小型异步电动机的气隙为 0.2~1 mm。但气隙太小,会使定子铁心与转子铁心发生"扫膛"现象,并给装配带来困难。

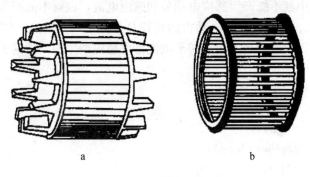

图 4-4　笼型转子绕组
a. 铸铝绕组　b. 铜条绕组

2. 三相异步电动机的工作原理　三相异步电动机工作原理如图 4-5 所示。在一个可旋转的马蹄形磁铁中，放置一个可以自由转动的笼型绕组，如图 4-5a 所示。当转动马蹄形磁铁时，笼型绕组就会跟着它向相同的方向旋转。这是因为磁铁转动时，它的磁场与笼型绕组

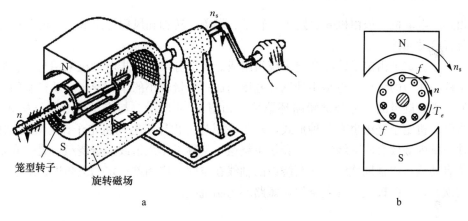

图 4-5　异步电动机工作原理示意图
a. 异步电动机模型　b. 异步电动机的电磁关系

中的导体（即导条）之间产生相对运动，若磁场顺时针方向旋转，相当于转子导体逆时针方向切割磁力线，根据右手定则可以确定转子导体中感应电动势的方向，如图 4-5b 所示。由于导体两端被金属端环短路，因此，在感应电动势的作用下，导体中就有感应电流流过。如果不考虑导体中电流与电动势的相位差，则导体中感应电流的方向与感应电动势的方向相同。这些通有感应电流的导体在磁场中会受到电磁力 f 的作用，导体受力方向可根据左手定则确定。因此，在图 4-5b 中，N 极范围内的导体受力方向向右，而 S 极范围内的导体的受力方向向左。这样一对大小相等、方向相反的力，就形成了电磁转矩 T_e，使笼型绕组（转子）顺着磁场旋转的方向转动起来。

三相异步电动机是利用定子三相对称绕组产生的旋转磁场工作的。这个旋转磁场的转速 n_s 又称为同步转速。旋转磁场的转速 n_s 与电源频率 f_1 和定子绕组的极对数 p 有关。

三相异步电动机转子的转速 n 不可能达到定子旋转磁场的转速，即电动机的转速 n 不可能达到同步转速 n_s。因为，如果达到同步转速，则转子导体与旋转磁场之间就没有相对运

动，因而在转子导体中就不能产生感应电动势和感应电流，也就不能产生推动转子旋转的电磁力 f 和电磁转矩 T_e。所以，异步电动机的转速总是低于同步转速，即两种转速之间总是存在差异，异步电动因此而得名。由于转子电流是由感应产生的，故这种电动机又称感应电动机。

旋转磁场的转速公式为：

$$n_s = \frac{60 f_1}{\rho} \qquad (4-1)$$

式中：n_s 为旋转磁场的转速（r/min）；
$\quad\quad f_1$ 为电源频率（Hz）；
$\quad\quad \rho$ 为磁极对数。

例如：一台三相异步电动机的电源频率 $f_1 = 50$ Hz，若该电动机是四级电动机，即电动机的对数 $\rho = 2$，则该电机的同步转速 $n_s = 60 f_1/\rho = 1\,500$ (r/min)，而该电动机的转速 n 应略低于 1 500 r/min。

4.2.2 单相异步电动机的基本结构

单相异步电动机一般由机壳、定子、转子、端盖、转轴和风扇等组成。有的单相异步电动机还装有启动元件。

（1）定子。定子由定子铁心和定子绕组组成。大部分单相异步电动机采用与三相异步电动机定子铁心相似的结构，也是用硅钢片叠压而成；容量较小的单相异步电动机有的制成凸极形状的铁心，磁极的一部分被短路环罩住，如图 4-6 所示。与定子铁心的结构相对应，单相异步电动机定子绕组也有两种形式，对于采用与三相异步电动机定子铁心相似结构的，其定子铁心槽内嵌放有两套绕组，一套是主绕组，又称工作绕组或运行绕组，另一套是副绕组，又称启动绕组或辅助绕组。两套绕组的轴线在空间上应相差一定的电角度。对于采用凸极形状的铁心，其凸极上放置主绕组，短路环为副绕组。

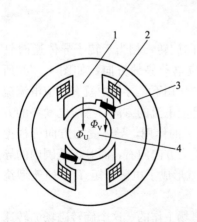

图 4-6 凸极式罩极单相异步电动机
1. 定子铁心 2. 主绕组 3. 短路环 4. 转子

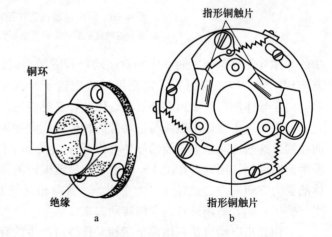

图 4-7 离心式开关
a. 旋转部分 b. 静止部分

（2）转子。单相异步电动机的转子与笼型三相异步电动机的转子相同。

(3) 启动元件。单相异步电动机的启动元件串联在启动绕组（副绕组）中，启动元件的作用是在电动机启动完毕，切断启动绕组的电源。常用的启动元件有以下几种：

① 离心开关：离心开关位于电动机端盖的里面，它包括旋转和静止两部分，其旋转部分安装在电动机的转轴上。它的三个指形铜触片（称动触头）受弹簧的拉力紧压在静止部分上，如图 4-7a 所示。静止部分装在电动机的前端盖内，由两个半圆形铜环（称静触头）组成。两个半圆形铜环中间用绝缘材料隔开，如图 4-7b 所示。

当电动机静止时，无论旋转部分在什么位置，总有一个铜触片与静止部分的两个半圆形铜环同时接触，使启动绕组接入电动机电路。电动机启动后，当转速达到额定转速的 70%～80% 时，离心力克服弹簧的拉力，使动触头与静触头脱离接触，使启动绕组断电。

② 启动继电器：电动机在启动过程中，流过启动绕组的电流大小是变化的。将启动继电器接于启动电路中，当启动电流超过限定值时，启动继电器触头闭合，当启动电流小于某限定值时启动继电器触头断开，从而达到接通或切断启动绕组电源的目的。

4.3 异步电动机的铭牌

电动机的铭牌上标明了电动机的型号、功率、电压、电流、频率、转速等额定值，它们是正确使用、检查和维修电动机的主要依据。图 4-8 为一台三相异步电动机的铭牌实例。

三相异步电动机

型号	Y132S-4	出厂编号	
功率	5.5 kW	电流	11.6 A
电压	380 V	转速	1 440 r/min
接法	△	防护等级	IP44
频率	50 Hz	重量	58 kg
绝缘等级	B 级	工作制	S1

×××电机厂

图 4-8 三相异步电动机的铭牌

1. 三相异步电动机的型号 三相异步电动机的型号一般由产品代号、规格代号和特殊环境代号三部分组成。如 Y132S-4 表示三相异步电动机，第二次系列设计，中心高 132 mm，短机座，6 极；JO2-32-4 表示封闭式三相异步电动机，第二次系列设计，3 号机座，2 号铁心长，4 极。

2. 额定功率 指电动机在铭牌规定的额定运行状态下工作时，从转轴上输出的机械功率，单位为 kW。

3. 额定电压 指电动机在额定运行状态下，定子绕组应接的线电压，单位为 V。如果铭牌上标有两个电压值，表示定子绕组在两种不同接法时的线电压。例如，电压 220/380，接法△/Y 表示。当电源线电压为 220 V 时，三相定子绕组应接成三角形；当电源线电压为 380 V 时，定子绕组应接成星形。

4. 额定电流 指电动机在额定状态下工作时，定子绕组的线电流，单位为 A。如果铭牌上标有两个电流值，表示定子绕组在两种不同接法时的线电流。例如，额定电流 2.5 A/3.7 A，表示星形接法电流为2.5 A，三角形接法电流为3.7 A。

5. 额定频率　指电动机所使用的交流电频率，单位为Hz。我国规定电力系统的工作频率为50 Hz。

6. 额定转速　指电动机在额定运行状态下工作时，转子每分钟的转数，单位为r/min。

7. 三相异步电动机的绕组接法　接法是指电动机在额定电压下，三相定子绕组六个首末端的连接方法。常用的有星形（Y）和三角形（△）两种。

三相定子绕组每相都有两个引出线头，一个称为首端，另一个称为末端。国家标准规定：每一项绕组的首端和末端分别用U1和U2表示；第二项绕组的首端和末端分别用V1和V2表示；第三项绕组的首端和末端分别用W1和W2表示。将这六个引出线头接入接线盒的接线柱上，接线柱标出对应的符号，如图4-9所示。

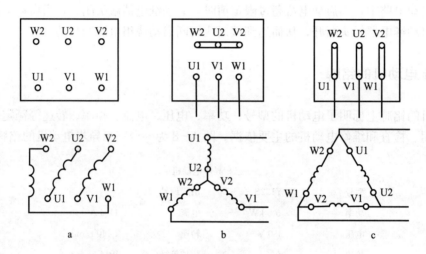

图4-9　接线盒的接线方法
a. 三相绕组与接线盒连接　b. 星形接法（Y）　c. 三角形接法（△）

星形连接就是将三相绕组的末端连接在一起，即将U2、V2、W2接线柱用铜片连接在一起，而将三相绕组的首端U1、V1、W1分别接三相电源，如图4-9b所示。

三角形连接就是将第一项绕组的首端U1和第三项绕组的末端W2连接在一起，再接入一相电源；将第二项绕组的首端V1和第一项绕组的末端U2连接在一起，再接入第二相电源；将第三项绕组的首端W1和第二项绕组的末端V2连接在一起，再接入第三相电源。即在接线板上将接线柱U1和W2、V1和U2、W1和V2分别用铜片连接起来，再分别接入三相电源，如图4-9c所示。

三相定子绕组的首末端是生产厂家事先预定好的，绝不能任意颠倒。

一台电动机的定子绕组是接成星形还是三角形，应视生产厂家的规定进行，可从铭牌上查到。

8. 电动机的工作制　工作制是指电动机在额定值条件下运行时，允许连续运行的时间。工作制是用户选择电动机的重要指标之一。

常见工作制有连续工作制、短时间工作制和断续周期工作制三种。

（1）连续工作制。连续工作制是指在额定条件下，电动机能够长时间连续运行。适用于风机、水泵等连续工作的生产机械。其代号为S1。

(2) 短时间工作制。短时间工作制是指在额定条件下，电动机能在限定的时间内短时运行。我国规定的短时工作的标准时间为 15 min、30 min、60 min、90 min 四种。适用于水闸闸门启闭机等短时间工作的设备。其代号为 S2。

(3) 断续周期工作制。断续周期工作制是指在额定条件下，电动机只能断续周期性的运行。其代号为 S3。断续周期工作制的电动机可频繁启动、制动，其过载能力强、转动惯量小、机械强度高。

9. 电动机的绝缘等级 绝缘等级（或温升）是指电动机绕组所采用的绝缘材料的耐热等级。它表明电动机所允许的最高工作温度。

电动机中常用的绝缘材料，按其耐热能力可分为 A、E、B、F、H 五个等级，每一绝缘等级都有相应的极限工作温度。绝缘等级与极限工作温度的对应关系见表 4-1。

表 4-1 绝缘等级与极限工作温度的对应关系

绝缘等级	A	E	B	F	H
极限工作温度（℃）	105	120	130	155	180

电动机某部件的温度与周围介质温度（周围环境温度）之差，称为该部件的温升。电动机在额定状态下长期运行而其温度达到稳定时，电动机各部件温升的极限值称为温升限度，又称温升限值。表 4-2 给出了国家标准中适用于中小型电动机绕组温升的限值。

表 4-2 中小型电动机绕组的温升限值

绝缘等级	极限工作温度	环境温度	热点温差	温升限值
A	105	40	5	60
E	120	40	5	75
B	130	40	10	80
F	155	40	15	100
H	180	40	15	125

10. 防护等级 电动机外壳的防护形式分为两种：第一种是防止固体异物进入电动机内部及防止人体触及电动机内的带电或运动部分的防护；第二种是防止水进入电动机内部程度的防护。

电动机外壳防护等级的标志由字母 IP 和两个数字表示。字母 IP 后面的第一个数字代表第一种防护形式（防尘）的等级，见表 4-3；第二个数字代表第二种防护形式（防水）的等级，见表 4-4。

表 4-3 电动机外壳防尘等级

防护等级	含 义	防护等级	含 义
0	无任何防尘措施	3	防止大于 2.5 mm 的固体进入
1	防止大于 50 mm 的固体进入	4	防止大于 1 mm 的固体进入
2	防止大于 12 mm 的固体进入	5	防尘

表4-4 电动机外壳防水等级

防护等级	含义	防护等级	含义
0	无防护电动机	5	防喷水电动机
1	防滴电动机	6	防海浪电动机
2	15°防滴电动机	7	防浸水电动机
3	防淋水电动机	8	潜水电动机
4	防溅水电动机		

【基本技能】

实训4.1 电动机的选择

在农业生产中,正确地选用电动机,可以使电动机在最经济、最合理的方式下运行,从而达到降低能耗、提高效率的目的。

选择电动机,应从被拖动机械、设备的具体要求出发,并考虑使用场所的电源、工作环境、防护等级,以及电动机的功率因数、效率、过载能力、安装方式、传动设备、产品价格、运行和维护费用等情况来选择电动机的电气性能和机械性能,使被选定的电动机能安全、经济、节能和合理地运行。

1. 类型的选择 电动机的型号很多,根据农业机械的特点和农村电网的情况,通常可以选用Y系列鼠笼型(旧型号中的J、J2、JO、JO2、JO3系列)小型异步电动机,只有在需要调速、不能采用鼠笼式电动机的场合才选用绕线式电动机。

2. 结构形式的选择 电动机的结构形式按其安装位置的不同可分为卧式和立式。卧式电动机的转轴是水平安装的,立式电动机的转轴与地面垂直,二者轴承不同,因此不能随便混用。由于立式电动机的价格较贵,一般情况下选用卧式。只有为了简化传动装置,又必须垂直安装时才选用立式的,例如在农村用的潜水泵上电动机要选用立式的。

3. 防护形式的选择 电动机从防护形式上分有开启式、防护式、封闭式和防爆式。电动机的防护类型应根据生产机械的使用环境来选用。其原则是:

(1) 在干燥及清洁的环境中使用可以选用开启式。

(2) 在干燥和灰尘不多,没有腐蚀性和爆炸性气体的环境中使用,可选用防护式电动机。

(3) 在潮湿、多腐蚀性灰尘、易受风雨侵蚀等的环境中使用,可选用封闭式中的自扇冷式或他扇冷式电动机。

(4) 水下使用(例如潜水泵电动机),可选用封闭式中的密封式电动机。

(5) 在油池附近或在含有瓦斯矿的井下,应选用防爆式电动机。

另外,电动机外壳防护等级应与周围环境条件相适应,在潮湿、多尘场所(如锅炉房、煤厂等)外壳防护等级至少要达到IP54级要求,其他一般场所,可以采用不低于IP23级,对于有爆炸等危险的场所应选用防爆型电动机。在农村由于电动机一般一机多用,所以选用电动机的防护等级要达到IP54级要求。

4. 额定功率（容量）的选择　选用电动机功率的大小是根据生产机械的需要确定的。如果电动机额定功率选得过大，会使投资费用增大，运行费用增加；如果电动机额定功率选小了，会使电动机寿命降低甚至损坏。若农业生产机械与电动机之间是直接传动，则所选电动机的功率应是被拖动机械功率的1～1.1倍；若农业机械与电动机之间是经过皮带传动，则所选电动机的功率应是被拖动机械功率的1.05～1.15倍。

5. 额定转速选择　电动机的额定转速根据生产机械的要求而决定。由于磁极对数不同，常见异步电动机同步转速有 3 000 r/min、1 500 r/min、1 000 r/min、750 r/min 等几种。异步电动机在功率相同的条件下，其同步转速越低，它的扭矩越大，体积越大，重量越重，价格也越贵。因此，选用高速电动机较为经济，一般情况下尽量采用高转速的异步电动机。要求转速低的作业机械可配置减速装置。电动机与农用机械转速的匹配，通常通过改变皮带轮直径的办法来实现。

计算公式为

$$n_1 \cdot r_1 = n_2 \cdot r_2 \qquad (4-2)$$

式中：n_1 为电动机的转速（r/min）；

　　　r_1 为电动机皮带轮的半径（m）；

　　　n_2 为农用机械的转速（r/min）；

　　　r_2 为农用机械皮带轮的半径（m）。

6. 额定电压的选择　所选电动机的额定电压应与当地供电电网的电压一致。电动机工作在其额定电压的−5%～+10%的范围内都会正常工作。在农村低压电网电压为 220 V。单相异步电动机选额定电压为 220 V 的。

7. 单相与三相电动机的选择　功率相等的三相异步电动机和单相异步电动机相比，具有体积小、重量轻、振动小、价格低等优点。因此，在农村只要有三相电源的地方，一定选用三相电动机。

实训 4.2　电动机的使用与维护

1. 新安装或长期停用的电动机启动前的检查

（1）用绝缘电阻表检查电动机绕组之间及绕组对地（机壳）的绝缘电阻值。通常，对额定电压为 380 V 的电动机，采用 500 V 绝缘电阻表测量，其绝缘电阻值不得小于 0.5 MΩ。否则，应进行烘干处理。

测量电动机绝缘电阻的方法如图 4-10 所示。测量前，应先对绝缘电阻表进行校验。即将绝缘电阻表测试端短路，再摇动手柄（120 r/min 左右），指针应指在"0"位置上；然后将测试端开路，摇动手柄，指针应指在"∞"位置上。测量时，应将绝缘电阻表平置放稳，摇动手柄的速度应均匀。

测量单相异步电动机的绝缘电阻值时，应将电容器拆下（或短接），以防将电容器击穿。

（2）按电动机铭牌所列的技术数据，检查电动机的额定功率与负载是否匹配；检查电动机的额定电压、额定频率与电源电压及频率是否相符。并检查电动机的接法与铭牌所标是否一致。

（3）检查电动机轴承是否加注有润滑油，滑动轴承是否达到规定油位。

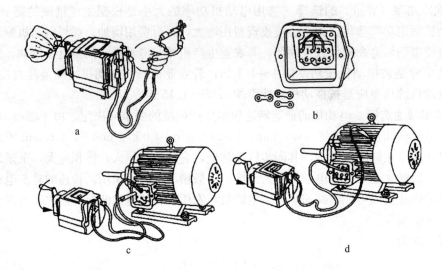

图4-10 用绝缘电阻表测量电动机的绝缘电阻值
a. 校验绝缘电阻表 b. 拆去电动机接线盒中的连接片
c. 测量电动机三相绕组之间的绝缘电阻值 d. 测量电动机绕组对地的绝缘电阻值

(4) 检查熔体的额定电流是否符合要求,启动设备的接线是否正确,装置是否灵活,有无卡滞现象,触头接触是否良好。

(5) 检查电动机基础是否稳固,螺栓是否拧紧。

(6) 检查电动机机座、电源线钢管以及启动设备的金属外壳接地是否可靠。

以上检查工作结束后,还应按正常使用的电动机进行相关检查。

2. 正常使用的电动机启动前的检查

(1) 检查电源电压是否正常,三相电压是否平衡。

(2) 检查线路的接线是否可靠,熔体有无损坏。

(3) 检查联轴器的连接是否牢固;传动带连接是否良好,传动带松紧是否合适;机组传动是否灵活,有无摩擦、卡滞、窜动等不正常的现象。

(4) 检查机组周围有无妨碍运行的杂物或易燃物品。

3. 电动机启动注意事项

(1) 合闸启动前,应观察电动机及被拖动机械上或附近是否有异物,以免发生人身及设备事故。

(2) 操作开关或启动设备时,操作人员应站在开关的侧面,以防被电弧烧伤。拉合闸动作应迅速、果断。

(3) 合闸后,如果出现电动机不转或转速很慢、声音不正常等故障现象,应迅速切断电源,检查熔丝及电源接线等是否有问题。不能犹豫等待或带电检查。否则,会烧毁电动机或发生其他事故。

(4) 电动机连续启动的次数不能过多,以免烧毁电动机。电动机空载连续启动的次数一般为3~5次;经长时间运行,处于过热状态下的电动机,连续启动次数一般为2~3次。

(5) 应避免多台电动机同时启动,以防止线路负荷过大,导致电网电压下降太多,影响其他用电设备正常运行。

4. 电动机运行中的监视 对正常运行的异步电动机,应经常保持清洁,不允许有水滴、油滴或杂物落入电动机内部;应监视其运行中的电压、电流、温升及可能出现的故障,并及时针对具体情况进行处理。

(1) 对电源电压的监视。当异步电动机长期运行时,一般要求电源电压不高于额定电压的10%,不低于额定电压的5%,三相电压不对称的差值不应超过额定值的5%。否则,应减载运行或调整电源电压。

(2) 对电动机电流的监视。运行中,电动机的电流不得超过铭牌上规定的额定电流,同时,还应注意三相电流是否平衡。

(3) 对电动机温升的监视。监视温升是监视电动机运行状况的可靠方法。当电动机的电压过低、过载运行、三相异步电动机两相运行(缺相运行)、定子绕组短路时,都会使电动机的温升不正常地升高。

当没有温度计时,可在确定电动机外壳不带电后,用手背去试电动机外壳温度。若手能在外壳上停留而不觉得很烫,说明电动机未过热;若手不能在外壳上停留,则说明电动机已过热。

(4) 对电动机运行中故障现象的监视。对运行中的异步电动机,应经常观察其外壳有无裂纹,螺钉(栓)是否脱落或松动;电动机有无异响或振动等。监视时,要特别注意电动机有无冒烟或异味。若嗅到焦煳味或看到冒烟,必须立即停机处理。对轴承部位,要注意轴承的声响和发热情况。当用温度计测量时,滚动轴承温度不允许超过 95 ℃,滑动轴承温度不允许超过 80 ℃。轴承声音不正常或过热,一般是轴承润滑不良、轴承磨损严重或传动带过紧等所致。

对于采用联轴器传动的电动机,若电动机轴中心与负载轴中心校正不好,会在运行中发出异常响声,并导致电动机振动及联轴器螺栓、胶垫的迅速磨损。这时,应重新校正中心线。

对于采用传动带传动的电动机,传动带的松紧应适度。过松会导致打滑,过紧会使电动机的轴承过热。

另外,还应经常检查电动机及启动设备外壳是否漏电或接地不良。若发现带电,应立即停机处理。

实训 4.3 电动机的定期维修

电动机使用过程中,为了保证电动机的安全运转和延长使用寿命,除了要加强日常维护外,还应进行定期维修。定期维修可分为定期小修和定期大修两种。前者不需拆开电动机;后者需要把电动机拆开进行维修,通常由专业人员进行。

1. 定期小修 定期小修是对电动机的一般清理和检查,应经常进行。小修的主要项目见表 4-5。

2. 定期大修 定期大修一般结合负载的大修一起进行。农用电动机应结合农时,每年冬季进行一次大修。对于工作环境比较恶劣(如灰尘多、潮湿等)且经常使用的电动机,应适当增加大修次数。

大修时,要注意观察绕组绝缘情况。若绝缘体已变为暗褐色或深棕色,说明绝缘已经老化。对于这种绝缘,检修时应特别注意,避免其绝缘脱落。

表 4-5 电动机定期小修检查项目

项 目	检查内容
清理电动机	1. 清理电动机外部的污垢 2. 测量绝缘电阻 3. 检查电动机外壳、风扇、风罩等有无损伤
检查和清理电动机接线部分	1. 清理接线盒污垢 2. 检查接线部分螺钉是否松动、损坏 3. 拧紧各连接点 4. 检查接地是否可靠
检查各紧固部分螺钉和接地线	1. 检查地脚螺栓是否紧固 2. 检查电动机端盖、轴承盖等螺钉是否紧固
检查传动装置	1. 检查传动装置是否可靠,传动带松紧是否适中 2. 检查传动装置是否良好,有无损坏
检查轴承	1. 检查轴承是否缺油,有无漏油 2. 检查轴承有无噪声及磨损情况
检查和清理启动设备	1. 清理外部污垢,检查触头有否烧伤 2. 检查接地是否可靠,测量绝缘电阻 3. 检查三相触头是否同时接触

模块5 耕整地机械

【内容提要】

机械耕地是农业现代化的一项重要基础措施,它有利于疏松土壤,恢复土壤团粒结构,积蓄水分、养分,覆盖杂草、肥料,防、除病虫害。耕地作业后,耕层内还残留有较大土块或空隙,地表不平,不利于播种或苗床状况不好。机械整地可破碎土块,平整地表,进一步松土,混合土肥,改善播种和种子发芽条件。

本模块主要介绍耕整地机械作业要求,铧式犁、双向犁、旋耕机、圆盘耙的分类、结构和田间作业技术及其机具的调整、保养和故障排除等。

通过本模块的学习,树立牢牢守住十八亿亩耕地红线,确保中国人的饭碗牢牢端在自己手中的意识。

【基本知识】

5.1 耕整地机械作业要求

5.1.1 耕地作业的一般要求

(1) 耕翻适时。在土壤干湿适宜和农时期限内适时作业。
(2) 覆盖严密。要求耕后地面杂草、肥料、残茬充分埋入土壤底层。
(3) 翻垡良好。无立垡、回垡,耕后土层蓬松。
(4) 耕深一致,地表沟底平整。不漏耕,不重耕,地头要整齐,垄沟要少、小,无剩边剩角。

5.1.2 整地作业的一般要求

(1) 及时整地,以利防旱保墒。
(2) 工作深度要适宜、一致。
(3) 整地后耕层土壤要有松软的表土层和适宜的紧密度。
(4) 整地后地面平整,无漏耙、漏压。

5.2 铧式犁

5.2.1 铧式犁的特点及分类

1. 铧式犁的特点 铧式犁的优点是能够把地表的作物残茬、秸秆、肥料、杂草、虫卵等翻埋到耕层内,不但耕后地表干净,有利于提高播种质量,而且可以减少杂草和虫害的发生。铧式犁的缺点是耕地时始终向右侧翻土（双向犁除外），翻耕后的地表留有墒沟和垄背，还需经过整地、平地等作业才能达到播种要求。

2. 铧式犁的分类 铧式犁按照与拖拉机连接方式的不同，可分为悬挂犁、牵引犁、半悬挂犁和直联式犁。

悬挂犁的结构简单、重量轻、机动性好，可在小地块作业，但入土性能差，一般与中小功率的拖拉机配套使用，同拖拉机三点挂接；牵引犁的结构复杂，重量大，地头转弯半径大，运输不方便，但工作深度稳定，入土性能好，通常与大型拖拉机配套使用；半悬挂犁兼有牵引犁和悬挂犁两者的特点；直联式犁与手扶拖拉机配套使用。

5.2.2 铧式犁的基本构造

1. 主犁体的结构 主犁体是铧式犁的主要工作部件，一般由犁铧、犁壁、犁托、犁柱、犁侧板等组成，如图5-1所示。铧式犁犁体幅宽与耕深大小有关，其关系见表5-1。

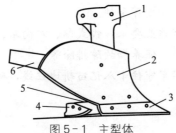

图5-1 主犁体
1. 犁柱 2. 犁壁 3. 犁铧 4. 犁踵 5. 犁侧板 6. 延长板

表5-1 铧式犁犁体幅宽与耕深尺寸配合

犁体幅宽（cm）	20	25	30	35	40	45	50
最大耕深（cm）	18	22	26	30	33	37	40

2. 悬挂犁的结构 悬挂犁主要由犁架、主犁体、悬挂架及限深轮等组成，如图5-2所示。

（1）犁架。犁架是犁上所有部件的支撑体和连接体，并把牵引力传给犁体，以保证犁体正常耕作。犁架如有变形，犁体间相对位置就会改变，将会影响耕地质量，发生重漏耕和耕深不一及入土覆盖性能改变等，所以应尽量避免犁架变形。

（2）悬挂装置。悬挂装置由悬挂架、悬挂轴和悬挂调节机构三部分组成。悬挂架由左右支板和撑杆组成，并固定在犁架上。悬挂架支板上端孔与拖拉机上拉杆连接。两根悬挂轴分别与拖拉机两下拉杆相连接，悬挂调节机构装于犁架前端一侧，并安装有悬挂轴用于调整拖拉机与悬挂犁的偏斜程度。使悬挂犁没有耕地时后部稍向沟壁偏斜，耕地时处于摆正状态。为了防止重耕和漏耕，调节装置还可以横向移动。

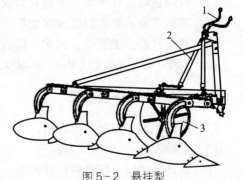

图5-2 悬挂犁
1. 悬挂轴调节手柄 2. 限深轮调节螺杆
3. 限深轮

（3）限深轮。限深轮主要有犁轮、轮轴、支架、调节丝杆或调节杆等组成。犁的耕深调节通过限深轮来控制，升起限深轮，耕深增大，降下限深轮，耕深变浅。限深轮的升降通过固定在犁架上的丝杆机构和有销孔的调节杆来完成。

3. 牵引犁的结构　牵引犁主要由犁架、地轮、沟轮、尾轮、主犁体、圆犁刀、小前犁、起落机构和牵引装置等组成。该犁由于地头转弯半径大和运输困难因素，目前主要在大型农场和特大型拖拉机配套使用。

5.3　双向犁

双向犁是一种往复方向耕地时均向地的一侧翻垡的犁。双向犁机组在往返行程中，土垡均向一侧翻转，耕地后地表平整，没有普通铧式犁耕地形成的沟和垄；耕斜坡地沿等高线向下坡方向翻土，可减小坡度；不必在地中开墒，特别适合一家一户小块地作业；地头转弯空行程少，工作效率高。由于双向犁有很多优点，所以得到了广泛应用。

5.3.1　双向犁的类型

目前使用的双向犁主要有两类：一类有一套能向左和向右转动的对称式犁体，如山地犁、手扶拖拉机配套的双向犁、水平摆式双向犁等；另一类有能左右翻垡的两套犁体，如翻转犁，其中悬挂式翻转双向犁目前被广泛应用。翻转犁按其操纵方式可分为机械翻转犁和液压翻转犁，按其翻转的角度可分为全翻转犁和半翻转犁。机械翻转犁由驾驶员手动操纵翻转，液压翻转犁由驾驶员操纵液压手柄进行翻转。全翻转犁的两组犁体配置呈180°，半翻转犁的两组犁体配置呈90°左右，其犁体回转轴与拖拉机前进方向一致，又叫做纵轴翻转犁或左右翻转犁。

5.3.2　双向犁的基本构造

1. 全翻转式机械双向犁　1LF－330全翻转式双向犁，由犁体、犁架、悬挂架、操纵杆、限位螺钉、摆动杆、钩子、钩舌、拉杆、定位卡板、定位卡销、限深轮等组成，如图5－3所示。

2. 水平旋转（摆式）双向犁　水平旋转（摆式）双向犁，一般由犁体、犁架、悬挂架、换向机构、限位机构、犁梁、犁体换向拨杆等组成，如图5－4所示。

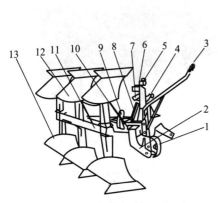

图5－3　全翻转式机械双向犁
1. 限深轮　2. 悬挂架　3. 操纵杆　4. 限位螺钉
5. 摆动杆　6. 钩子　7. 钩舌　8. 拉杆　9. 定位卡板
10. 定位卡销　11. 犁架　12、13. 犁体

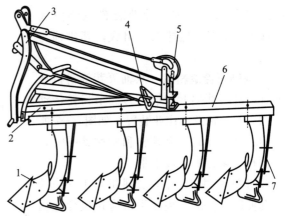

图5－4　水平旋转（摆式）双向犁
1. 犁体　2. 犁架　3. 悬挂架
4. 换向机构　5. 限位机构
6. 犁梁　7. 犁体换向拨杆

3. 全翻转式液压双向犁 1LF 系列液压翻转犁，主要由悬挂架、犁架、液压翻转机构，左翻犁体、右翻犁体、地轮、犁架调平机构组成，如图 5-5 所示。此系列犁由拖拉机提供液压动力，通过拖拉机液压输出阀控制液压输出，经自动换向阀实现液压油缸自动换向，进而实现犁架的左右翻转，从而使左右犁体交替工作。

5.4 旋耕机

5.4.1 旋耕机概述

旋耕机是一种由动力驱动的耕作机械，工作时旋转刀片切下的土块向后抛掷与挡泥罩和平土板相撞击，使土壤进一步破碎后落到地面，因而旋耕作业后碎土充分，地面平坦，一次完成耕耙作业。

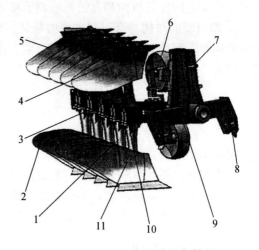

图 5-5 1LFA-535 液压翻转犁
1. 右犁柱 2. 右翻后犁体 3. 左犁柱
4. 左翻前犁体 5. 左翻后犁体 6. 限深轮
7. 上悬挂销 8. 下悬挂销 9. 犁架组合
10. 犁拉螺栓 11. 右翻前犁体

根据结构形式不同，旋耕机可分为框架旋耕机、双轴灭茬旋耕机和手扶旋耕机。如在旋耕机上加上深松、开沟、施肥和播种等机具可完成复式作业。

5.4.2 旋耕机的一般构造

1. 框架式旋耕机 框架式旋耕机与四轮拖拉机配套采用三点悬挂连接，其结构包括传动装置、工作装置和辅助装置，如图 5-6 所示。传动装置主要由万向节总成和齿轮箱总成组成，工作装置主要由刀轴总成和中间犁尖部分组成，辅助装置主要由大架、拖板、机罩、悬挂架等组成，其耕幅为 110~250 cm。

2. 双轴灭茬旋耕机 双轴灭茬旋耕机在框架旋耕机的基础上增加了万向节齿轮传动装置和灭茬刀轴总成作业装置，如图 5-7 所示。旋耕机作业时，灭茬轴和旋耕轴同时转动，进行灭茬旋耕复式作业。

3. 手扶旋耕机 手扶旋耕机与手扶拖拉机配套使用，直接安装在手扶拖拉机变速箱的后面。手扶旋耕机如图 5-8 所示。动力经拖拉机变速箱内的传动齿轮，带动旋耕刀轴旋转工作。旋耕机变速箱用螺钉固定在拖拉机变速箱上，用拨叉移动离合套，改变刀轴的转速，实现高速或低速旋转。

图 5-6 框架式旋耕机
1. 齿轮箱总成 2. 悬挂架 3. 大架
4. 机罩 5. 中间犁尖 6. 刀轴总成

图5-7 双轴灭茬旋耕机　　　　图5-8 手扶旋耕机
1. 万向节传动装置　2. 齿轮传动装置　3. 灭茬轴总成

5.5 圆盘耙

5.5.1 圆盘耙的类型

1. 按照圆盘耙耙的重量和直径分类　分为重型圆盘耙，中型圆盘耙和轻型圆盘耙。

（1）重型圆盘耙。按耙片数均分耙总重量时，平均每片耙重 50～65 kg，耙片直径 66 cm，耙深可达 18 cm，适用于开荒、低湿地和黏重土壤，耕后碎土，黏壤土耙地代替耕地。

（2）中型圆盘耙。按耙片数均分耙总重量时，平均每片耙重 20～45 kg，耙片直径 56 cm，耙深可达 10 cm，适用于黏壤土耕后碎土，壤土耙地代替耕地。

（3）轻型圆盘耙。按耙片数均分耙总重量时，平均每片耙重 15～25 kg，耙片直径 46 cm，耙深可达 10 cm，适用于壤土耕后碎土，轻壤土耙地代替耕地。

2. 按牵引形式分类　分为牵引式圆盘耙，悬挂式圆盘耙和半悬挂式圆盘耙。

（1）牵引式圆盘耙。重型圆盘耙多为牵引式机组，牵引式地头转弯半径大，运输不方便，仅适应于大地块作业。

（2）悬挂式圆盘耙。轻型和中型圆盘耙多为悬挂式机组，配置紧凑，机动灵活，运输方便，适用于各种地块作业。

（3）半悬挂式圆盘耙。半悬挂式圆盘耙的特点介于牵引式和悬挂式之间。

3. 按耙组的排列方式分类　分为对置式圆盘耙、交错式圆盘耙和偏置式圆盘耙。

（1）对置式圆盘耙。圆盘耙左右对称布置，耙组所受侧向力互相抵消。优点是牵引平衡性能好，偏角调节方便，作业中可左右转弯，缺点是耙后中间有未耙的土埂，两侧有沟（指双侧的）。

（2）交错式圆盘耙。交错式圆盘耙是对置式的一种变型，每列左右两组耙交错配置，克服了对置式圆耙盘中间漏耙留埂的缺点。

（3）偏置式圆盘耙。圆盘耙有一组右翻耙片和一组左翻耙片前后布置进行工作，牵引线偏离耙组中心线，侧向力不易平衡，调整比较困难，作业中只宜单向转变，但结构比较简单，耙后地表平整，不留沟埂，是圆盘耙中最常见的一种。

5.5.2 圆盘耙的结构

1. 圆盘耙的基本结构 悬挂式圆盘耙主要由悬挂架、耙架、横梁、耙组和角度调节装置等组成,如图 5-9 所示。圆盘耙的悬挂架和前梁固定在一起,悬挂架的上悬挂点和前梁上的左右悬挂点共同构成三点悬挂,耙组前后两侧凹面相反排列,前后耙组均通过轴承和轴承支板与耙架连接,耙组在轴承支持下整列一起转动。前耙架和后耙架之间通过角度调节器连在一起。为了清除耙片凹面黏附的泥土,在耙架横条上装有铲刀或刮土器。

2. 圆盘耙的主要工作部件

(1) 耙组。圆盘耙组由装在方轴上的若干个耙片组成。耙片之间装有间管。耙片组通过轴承和轴承支板与耙组横梁相连,为了清除耙片上黏附的泥土,在横梁上装有刮土铲。耙片有全耙片和缺口耙片两种。

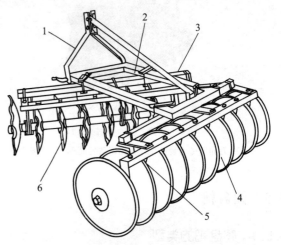

图 5-9 悬挂式圆盘耙
1. 悬挂架 2. 耙架 3. 横梁
4. 圆盘耙组 5. 刮泥装置 6. 缺口耙组

(2) 耙架。耙架用来安装圆盘耙组、调节机构、牵引架(或悬挂架)、升降油缸及运输轮(半悬挂)等部件。一般有铰接耙架和刚性耙架两种,有的耙架上装有载重箱,用于增加配重,以保持耙深。

(3) 角度调节器。角度调节器用于调节圆盘耙的偏角,以适应不同耙深的需要。角度调节器的形式有丝杆式、齿式、油压式、插销式、压板式和手扶式等。

(4) 运输装置。部分重型半悬挂式圆盘耙,配有运输胶轮和油压升降机构,在田间移动时,拖拉机上的液压输出使耙上的油缸缩回,使运输轮下降,把整个耙体升起离地,便于道路移动;到田间后,液压输出,使耙上液压油缸伸出,使运输轮升起,耙上的圆盘触地进行工作。

【基本技能】

实训 5.1 铧式犁的田间作业

铧式犁耕地作业的顺序依次为耕地头线、开墒、耕地、收墒、耕地头等。

1. 耕地头线 为了使地头整齐,犁铧容易入土,开始耕地前应在地块两头耕出地头线,作为起落犁的标志。地头线宽度因机组大小不同而不同,一般来说,大中型悬挂机组为 6~8 m,大中型牵引机组为 12~14 m。

耕地作业中要求机组转弯正确,起落犁及时,避免漏耕、重耕和出现喇叭口。在耕干硬地时,地头线可耕得宽一些,使整台犁落在松土上,以利犁铧入土。

2. 开墒 开墒就是选择从地块的什么地方开始耕第一犁,以减少墒沟、垄背造成的地面不平和垄背下的漏耕。常用的开墒方法有双开墒和重一犁开墒两种,可根据农业技术要求、耕地方法和地块平整情况等确定开墒方法。

(1) 双开墒。先从地块中心开始逆时针转圈（外翻法），向两边各耕一犁，接着顺时针转圈（内翻法）重耕一犁，填平中间的墒沟，以后一直用内翻法耕完整块地。此法地面平整不留生埂，但作物残茬和杂草在开墒处显露较多。

(2) 重一犁开墒。先从地块中心耕一犁，耕时前犁适当调浅，后犁正常耕深，至地头后在原处回耕第二犁，以后把前犁调到正常耕深，用内翻法耕完整块地。此法作物残茬和杂草显露较少，但耕后垄背稍高。

开墒时，机组一定要走直，开墒后两边留出的未耕地的宽度应相等，这样，耕到最后时，不会出现楔子形状的未耕地块。

3. 耕地方法

(1) 内翻法。机组从地块中心线左侧进入，耕到地头线起犁，顺时针方向转弯，在中心线右侧回犁，依次耕完整块地。此法地块中间不留墒沟，内翻法如图5-10所示。

(2) 外翻法。机组从地块的右边界进入，耕到地头线起犁，逆进针方向转弯，到地块的左边界回犁，依次耕完整块地。此法地块中间留一墒沟，外翻法如图5-11所示。

(3) 内外翻交替法。地块宽度较大时，为了减少转弯行驶，可以将地块分成三个小区，用内翻法先耕一区和三区，最后用外翻法耕二区。此法只留中间一条墒沟。地块宽度适于分成两个区时，也可用内外翻交替法，一区用内翻法，二区用外翻法，或一区用外翻法，二区用内翻法。耕时注意把墒沟留在地块较高处。内外翻交替法如图5-12所示。

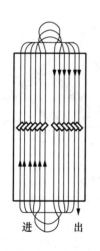
图5-10 内翻法

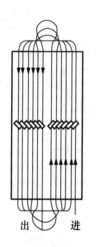
图5-11 外翻法

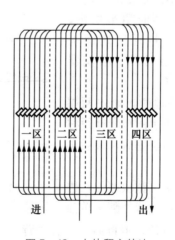
图5-12 内外翻交替法

内翻法耕地

(4) 四区内翻套耕法。适用于有垄沟和渠道的水浇地，耕地前要把地头转弯处的垄沟、渠道填平。机组先由一、二区交界处左侧进入，耕到地头线起犁，顺时针方向转弯，从二、三区交界处的右侧返回，用内翻法把一、三区耕完。用同样的行走方法耕完二、四区。此法在地块中间不留墒沟，机组不转小弯。四区内翻套耕法如图5-13所示。

(5) 四区外翻套耕法。机组从三、四区交界处的左侧进入，耕到地头线起犁，逆时针方法转弯，从一区的左边返回，用外翻法把一、三区耕完。再用外翻法耕完二、四区。此法在地块中间不留墒沟，机组不转小弯。四区外翻套耕法如图5-14所示。

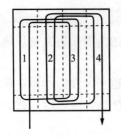
图 5-13 四区内翻套耕法
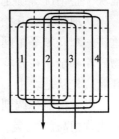
图 5-14 四区外翻套耕法

4. 收墒 耕地时,耕到最后出现墒沟的这一犁称为收墒。收墒的目的就是使墒沟越浅越好,以减少对播种和浇水的影响。

(1) 留一二铧未耕地收墒。为了收好墒,耕到最后一犁时,事先注意留出一二铧未耕地,未耕地两端的宽度应基本一致,并呈直线。收墒时,前犁以正常耕深耕未耕地,后犁调浅,耕已耕地。

(2) 回一犁收墒。当耕到最后一犁时正好耕完未耕地,墒沟会很大,应把犁的耕深调浅,再来回重耕一犁,把墒沟填平一些。机组行走要注意犁的位置,使之达到填平墒沟的效果。

(3) 合墒器收墒。在犁上安装合墒器,第一趟耕地时把前一犁体已耕地的土刮移到本趟已耕地的犁沟边,用于最后收墒时填平墒沟。用配有合墒器的犁耕地后地面平整,并有一定的碎土作用。合墒器如图 5-15 所示。

5. 耕地头 耕地时,地块两端留出一定长度用于机组的转弯地段称为地头,待地块长边耕完后,最后再耕地头。

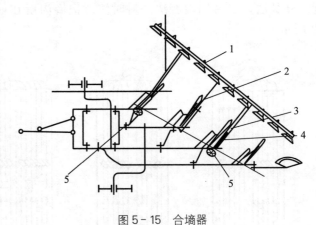

图 5-15 合墒器
1. 圆盘组 2. 撑杆 3. 悬臂 4. 丝杆 5. 手轮

(1) 单独耕地头。整块地的长边全部耕完后,用内翻法或外翻法单独耕地头。操作简单方便,但耕后地头有垄背、墒沟,机组转弯也不太方便,地块四角不易耕到。

(2) 转圈见角起犁耕地头与地边。耕前在整块地的两边留出与地头等宽的长地边不耕,待整块地耕完后,把地头、地边连起来转圈耕,在四角处起犁转弯。这种方法减少了地头的垄背、墒沟和地块四角不易耕到的地。

转圈见角地起犁耕地头时,机组在地头四角需要转弯。牵引犁机组的转弯方法一般为有环结环形转弯法。悬挂犁机组的转弯方法一般为起犁后退转弯法。

6. 不规则地块的耕法

(1) 三角形地块耕法。

① 内翻耕法：先确定三角形地块的中心线，在中心线上距离三角形地块尖端相当于三角形地块底边宽度的一半处插一标记。耕地时，开始在中心线处用内翻法垂直于底边耕翻，每耕到所插标记处回犁，耕若干趟后与斜边平行耕翻，到中心线处进行有环结环形转弯，耕到所剩斜边的未耕地与地头一样宽时，用转圈三角起犁法耕完地边和地头。这种方法耕后地块中间不留墒沟，但有重耕。内翻耕法如图 5-16 所示。

② 外翻耕法：开始从三角形地块的右边沿斜边耕到三角形地块的尖端处，按逆进针方向转弯，到三角形地块左边沿斜边返回。以后每次都是这条路线，中间留出等宽的长窄条未耕地，最后仍用外翻法耕完地块中间所剩的长窄条未耕地。这种方法耕后地块中间有墒沟，需单独耕地头。外翻耕法如图 5-17 所示。

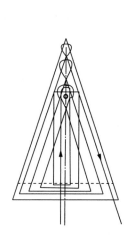
图 5-16　内翻法耕三角地块

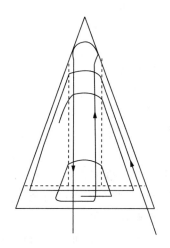
图 5-17　外翻法耕三角地块

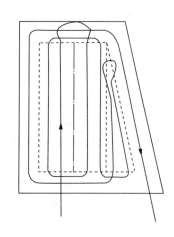
图 5-18　斜边地块耕法

（2）斜边地块耕法。可把地块划分成长方形和三角形分别耕翻。耕地时，在地块两边留出与地头等宽的地边不耕，先用内翻法耕完长方形地，接着用外翻法耕完三角形地。最后转圈，见角起犁，耕完地头和地边。斜边地块耕法如图 5-18 所示。

（3）刀把地、长短地块耕法。视地块的具体形状，把地块划分成规则的两块地分别耕。刀把地、长短地块耕法如图 5-19 所示。

7. 绕耕地块中间的障碍物　最常见的地块中间的障碍物有电线杆和高压线塔架底座等。耕地时，要尽可能使用内翻法的开墒或外翻法的收墒对正障碍物，以减少其影响。当耕到障碍物时，机组应向未耕地一边绕过障碍物，便于机组不压实已耕地。待机组最后通过时，再耕翻此未耕地。

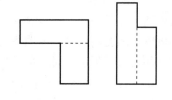
图 5-19　刀把地、长短地块耕法

实训 5.2　悬挂铧式犁的使用与调整

机具良好的技术状态是保证耕地质量的基础，如果技术状态达不到要求，那么在耕地作业过程中，再高的操作水平，再好的机具调整，也无法实现农艺要求的耕地质量，还会降低工效，增加油耗。

1. 铧式犁的技术状态要求　犁经过使用后，必然会磨损，甚至变形，其技术状态逐渐变差。因此，应定期进行检查，特别是在每个作业季节前，给予适当的维修，使其保持良好的技术状态。这对保证作业质量，提高作业效率必不可少。

铧式犁总的要求是：部件完整不变形，各部件螺丝紧固，润滑良好内外净，操作方便升降灵。

（1）主犁体的技术要求。犁铲刃厚不超过2～3 mm，若超过则应磨刃。犁铲的背棱厚度在一般情况下不超过8～10 mm，耕黏重土壤时不超过5 mm，若超过此限则应换修。犁铲的宽度磨损到犁托下缘与土壤接触时应换修。

① 铲尖已磨秃超过铲刃线以上时应换修。

② 犁壁磨空或犁壁的胫线磨损到距犁柱小于3 mm（在犁铲与犁壁的接缝处）应予更换。

③ 犁侧板弯曲或末端磨损严重时应换修。

④ 犁铲与犁壁的连接处应紧密，两者之间的缝隙不超过1 mm。安装好的工作面应光滑，不允许犁壁高出犁铲。犁铲可高出犁壁，但不能超过2 mm。

⑤ 犁体工作面上的埋头螺钉应与工作面一样平滑，不得凸出。如有个别螺钉凹下，应不大于1 mm。否则，容易黏土增加阻力。

⑥ 在更换犁铲和犁壁时，新换犁铲与犁托间的局部间隙应不大于3 mm，犁壁与犁托的局部间隙不大于3 mm。同时，犁铲和犁壁在用螺钉与犁托连接的地方应紧贴在一起，否则工作面形状将与原工作面不一致，影响耕地质量。

⑦ 犁铲与犁壁所形成的犁胫应位于同一平面内。如有偏斜，也只允许犁铲凸出犁壁之外，但不得大于3 mm。

⑧ 犁侧板不得凸出犁胫线之外。

（2）犁架的技术要求。各部分的螺母、螺栓应紧固，一般螺栓头露出螺母的丝口应在1～5扣。

① 悬挂轴调节机构及限深轮调节机构应灵活可靠。

② 各犁体耕深一致性。将犁架放平，从固定犁体的犁架底面测量犁铲刃至犁架底面的垂直距离，并以中间一犁体的数据为基准，与前、后犁体所测得的数据相比较，即为犁体安装的高度差。高度差越大，表明各犁体耕深不一致性越大。一台新犁的高度差不应超过±5 mm。犁使用后由于犁铲磨损或犁架变形，都可能引起高度差的变化，但最大值不应超过±15 mm。

③ 用拉线法检查各犁体在水平面内的安装情况。从第一个犁体铲尖到最后一个犁体的铲尖拉一直线绳，其余各犁体的铲尖也应在此直线上。用相同方法以检查各犁体的铲翼连线也应在此直线上，新犁的允许偏差为±5 mm，使用过的不应超过±10 mm。

④ 牵引犁的起落机构和各部件调节机构应灵活可靠。

⑤ 各润滑点的油嘴配齐，并且保证润滑良好。

2. 铧式犁的牵引和调整

（1）悬挂铧式犁的牵引。轮式拖拉机配带悬挂犁时，拖拉机的轮距必须与犁的总耕幅相适应，这是保证正确牵引的前提，也有利于采用内翻法耕地时能够耕到地边。

轮式拖拉机的轮距可按下面公式计算所得数据进行调整：

轮距＝犁总耕幅＋1/2 单犁体宽＋拖拉机轮胎宽度

大中型履带式拖拉机配带悬挂犁时，可安装成两点悬挂，即拖拉机左右下拉杆的前端合并成一个铰接点，与牵引犁相似，有利于拖拉机在耕地时走直。

悬挂犁正确牵引的标志是：耕地过程中拖拉机的左右下拉杆处于对称位置，犁架的纵梁与机组前进方向一致，前犁铲翼偏过拖拉机右轮内侧 10～25 mm。悬挂犁的正确牵引如图 5-20 所示。

当拖拉机的履带间距或轮距与悬挂犁不配套时，就会产生偏牵引。改善偏牵引的方法是：首先左右移动悬挂轴，调好犁与拖拉机的正确位置，也就是前面所述的前犁铲翼偏过拖拉机右轮内侧 10～25 mm；然后转动悬挂轴，使后犁架后部向未耕地方向偏过一些，使犁架在作业中稍有偏斜，增大犁侧板对犁沟壁反作用力的平衡能力。犁架偏斜程度视土壤和耕深等具体情况而定，以既保证机组作业质量，又能直线行驶为准。

（2）悬挂铧式犁入土角与入土性能的调整。悬挂犁在地头开始入土时，最前面的犁铲尖着地，而最后的犁犁体离地，整台犁与地表形成入土角。当悬挂犁达到要求的耕深后，入土角为零，此时犁架处于水平位置。耕深越大，入土角越大，入土角的大小可通过缩短或伸长拖拉机悬挂机构的上拉杆进行调节。入土角调整如图 5-21 所示。

悬挂犁入土角调整

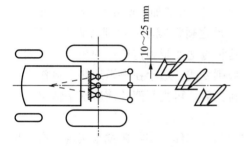

图 5-20 悬挂犁的正确牵引

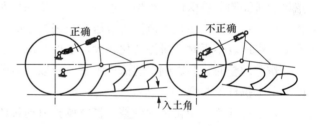

图 5-21 入土角调整

入土性能调整。有的悬挂犁其悬挂架上拉杆的连接点高度可以调节。当悬挂犁在耕干硬地不易入土时，可以降低上拉杆在拖拉机上的连接高度或提高上拉杆在犁上的连接高度。耕湿、软地时，犁易向下钻，调整方法与上述调节相反。上拉杆位置调整如图 5-22 所示。

（3）悬挂铧式犁犁架水平的调整。在试耕时，从侧面方向目测犁架是否前后水平，从后面方向目测犁架是否左右水平。哪一个方向不水平，都会影响各个犁体耕深不一致，造成耕后地表不平。

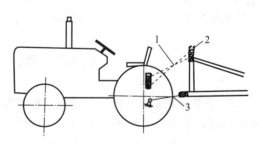

图 5-22 上拉杆位置调整

犁架纵向水平调整，可通过改变拖拉机悬挂机构的上拉杆长度来调节。当犁架前后不平，前犁深，后犁浅，犁后踵离开沟底时，应伸长上拉杆，直至犁架前后水平；当前犁浅，后犁深，犁后踵紧压沟底，出现沟痕时，缩短上拉杆，至犁架前后水平。

犁架横向水平调整，可通过改变拖拉机悬挂机构的左右提升杆长度来调整。当犁架左右不平，前犁深，后犁浅，接垡不平，沟底不平时，应缩短拖拉机悬挂机构右提升杆的长度，直至犁架水平，接垡平整；当前犁浅，后犁深，接垡不平，沟底不平时，应伸长拖拉机悬挂机构右提升杆的长度，直至犁架左右水平，接垡平整。

（4）悬挂铧式犁偏牵引的调整。偏牵引调整是调节下悬挂点相对犁架的位置。在耕地过程中，出现犁架的尾部向未耕地方向偏斜，前犁铧漏耕，接垡不平，左、右下拉杆向未耕地方向偏摆，拖拉机向已耕地方向偏摆，操向困难等现象时，可顺时针转动悬挂轴的曲拐，使犁尾向未耕地方向偏摆，后犁犁侧板压向犁沟壁，这样犁在耕地过程中借助犁沟壁的反作用力摆正；反之，犁架尾部向已耕地方向偏摆，前犁重耕，接垡不平，左、右下拉杆向已耕方向偏摆，这时调整的方法与上述调节相反。

犁摆正后，视前犁耕宽是否合适，如果不合适，则在犁上左右移动悬挂轴。当前犁耕宽过大时，应向未耕地方向移动悬挂轴；反之，则向已耕地方向移动。经过上述调试，前犁耕宽仍不合适时，则须调整拖拉机的轮距。

耕深调节

（5）悬挂铧式犁耕深的调整。悬挂犁的耕深调整因拖拉机液压系统的不同而不同。一般有高度调整、力调整和位调整。高度调整是通过调整限深轮与犁架的相对位置来调整耕深的，轮子抬高，耕深增加；反之耕深减少。耕地时，拖拉机液压系统的操作手柄必须放在浮动位置。力调整是根据犁体阻力的大小自动调节耕深，力调节手柄不变，阻力增加，则耕深减小，可由拖拉机的耕深调节手柄调节耕深。手柄向下，耕深增加，反之耕深减小。当耕深调节合适后，将手柄固定。位调整是由拖拉机液压系统来控制的，这种方法使犁和拖拉机的相对位置固定不变，当地表不平时，耕深变化较大，上坡变深，下坡则变浅，适于在平坦地块上耕作。

耕深调整时，会影响犁的前后水平。所以，调节耕深后，可视犁架的前后水平情况相应的调节上拉杆的长度。

（6）悬挂铧式犁耕宽的调整。耕宽调整可通过改变第一犁体、实际耕宽来实现。有漏耕现象时，可通过转动曲拐轴，使右端前移，左端后移，铧尖指向已耕地，耕宽减小；有重耕现象时，调整方法与上述相反。也可以通过左右横移悬挂轴来调整耕宽。还可以通过改变第一犁体在犁架上的装配位置来调整第一犁体的实际耕宽。

实训 5.3　牵引铧式犁的使用与调整

1. 牵引铧式犁的挂接　牵引犁正确挂接的标志是：犁在耕地过程中，犁的纵梁与前进方向一致，犁架前后水平、左右摆正，犁的沟轮内侧距离犁沟壁 3～4 cm；前犁的耕宽正常，拖拉机的直线行驶性好；同时，阻力小，工效高。

挂接点（横拉杆与犁架纵梁的连接孔）的高度选择要适宜，若挂接点偏高，则前铧深后铧浅，地轮、沟轮轮轴和轴套磨损快；若挂接点偏低，则犁架前部翘起，前铧浅后铧深，前铧不易入土，机械式自动升降易失灵，尾轮磨损快。

水平方向的正确牵引，通过主拉杆在拖拉机和犁上的正确挂接实现。犁因总耕幅减小，与拖拉机履带间距或轮距不配套时，主拉杆不能挂接在犁上的正确位置，或是拖拉机拖把的中间孔，耕地时犁会偏斜，影响作业质量，增加阻力并使拖拉机摆头而不易走直，造成拖拉机转向和行走机构的偏磨，机组的这种工作状态叫偏牵引。可以采用以下方法改善偏牵引：一是拖拉机偏拉一孔，犁也偏挂一孔，以均衡偏牵引对拖拉机和犁的影响；二是加长主、副拉杆，拖拉机正拉而犁偏挂。由于加长了主拉杆，可以减小犁的偏斜程度；三是加长、加高犁侧板，拖拉机正拉而犁偏挂。由于增大了犁侧板与犁沟壁的接触面积，提高犁的平衡能力，因而改善了犁的偏斜程度。

2. 牵引铧式犁的调整 牵引铧式犁的调整应在实地试耕时进行，在试耕中进一步检查犁的技术状态，同时对犁进行必要的调整，达到要求的耕深、稳定的耕幅以及其他作业质量要求后，才可以正式耕地。

（1）牵引铧式犁主拉杆的调整。主拉杆的位置不正确可能造成接垡不平、耕后地面不平以及发生重耕和漏耕等，可以在试耕时根据犁的工作现象进行调整，见表5-2。

表5-2 牵引铧式犁主拉杆的调整

现　　象	调整方法
犁前后不正，后犁偏向未耕地，单犁耕宽减小，犁的总耕幅增加，接垡不平	将主拉杆在横拉杆位置上向已耕地方向移动
犁前后不正，后犁偏向已耕地，单犁耕宽增加，犁的总耕幅减小，接垡不平	将主拉杆在横拉杆位置上向未耕地方向移动
犁前后不平，后犁比前犁耕深小，地轮和沟轮对地压力加大	将主拉杆在犁架垂直孔位置上向下移动
犁前后不平，后犁比前犁耕深大，地轮和沟轮对地压力减小	将主拉杆在犁架垂直孔位置上向上移动

（2）牵引铧式犁耕深的调整。牵引犁一般采用液压起落机构，用于升降犁。耕深的调整就是通过移动活塞杆上卡箍的位置来实现的。试耕调整时，先大致调好卡箍位置，随着犁下降到一定耕深时，卡箍推动油缸顶部的定位阀，把油缸内的出油口堵死，犁就不再下降，保持此耕深。向左移动卡箍，耕深加大，反之，耕深变浅。

（3）牵引铧式犁水平方向的调整。转动犁架上的水平调节轮，使沟轮向上抬起或向下移动，达到犁架左右水平，整台犁的耕深一致。

（4）牵引铧式犁尾轮的调整。左右位置应使尾轮边缘较最后犁体的犁侧板偏向犁沟壁1cm，以减小耕地时犁侧板与犁沟壁的摩擦阻力，不符合时可调节尾轮水平调整螺钉，左右位置如图5-23所示。上下位置应使尾轮下轮缘比最后犁体的犁后踵低1cm，以减小耕地时犁后踵与犁沟底的摩擦阻力，并可改善犁的入土性能，不符合时可调节尾轮垂直调整螺钉。上下位置如图5-24所示。

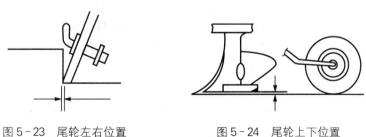

图5-23 尾轮左右位置　　　图5-24 尾轮上下位置

实训5.4 铧式犁的技术保养

正确进行技术维护是充分发挥犁的工作效能、延长使用寿命、保证耕地质量、提高作业效率的重要措施之一。铧式犁的构造简单，保养主要从以下五个方面入手。

1. 定期清除黏附在犁体工作面、犁刀及限深轮上的积泥和缠草。
2. 每班工作结束后，应检查犁体、圆犁刀及限深轮等零部件的固定状态，拧紧所有松动的螺母。
3. 对圆犁刀、限深轮及调节丝杆等需要润滑处，每天要注润滑脂1～2次。
4. 定期检查犁铲、犁壁、犁侧板及圆犁刀的磨损情况，必要时进行修理或更换。
5. 每个阶段工作完毕后，应进行全面的技术状态检查，如果发现问题，须及时更换、修复磨损或变形的零部件。

实训 5.5　双向犁的使用与维护

1. 双向犁的安装

（1）犁体安装。将犁架架高，左右犁体分别通过螺栓安装在犁架斜梁的上下面。犁体在犁架上的位置按说明书附表要求定位，但相邻两犁体间的幅宽偏差小于 7 mm，各犁体的水平基面高度偏差小于 10 mm。

（2）地轮安装。按说明书要求尺寸，将地轮安装到犁架纵梁外侧。

（3）油管换向阀安装。液压翻转犁换向阀一般安装在犁架前端，换向阀有四个接口，按标志将四根油管分别与犁上的油缸和拖拉机的液压输出口连接。

（4）犁的挂接。

① 把拖拉机液压控制杆拨到"浮动"位置。

② 把拖拉机的下拉杆与犁的下悬挂点通过悬挂销连接。

③ 缓慢升起拖拉机下拉杆，把拖拉机的上拉杆通过上悬挂销安装到犁的上悬挂点上。

④ 通过接头将油管与拖拉机的液压输出口连接。

⑤ 将犁提起，检查拖拉机纵向稳定性，必要时增加配重。

2. 双向犁的调整

（1）拖拉机的调整。

① 轮距的调整：按犁的说明书要求对轮式拖拉机轮距进行相应的调整。拧松两后轮在轮轴上的紧固螺栓，左右移动两后轮，轮距适宜后紧固螺栓，或采取左右两后轮对调的办法调整轮距。

② 拖拉机提升杆的调整：翻转犁在作业时，应保证拖拉机的下拉杆的左右提升臂长度相等，其长度值以犁在最高位置翻转时不致和驾驶室干涉为宜，并兼顾合理的运输间隙。

（2）犁在工作中的调整。

① 耕深调整：

a. 高度调节：拖拉机液压提升器处于"浮动"状态，上下移动限深轮调节耕深，然后固定限深轮。

b. 力调节：耕深由拖拉机液压提升器手柄控制。

② 水平调整：

a. 犁的纵向水平调整：通过调节拖拉机悬挂装置的上拉杆长度达到前后水平的目的。

b. 犁的横向水平调整：通过调节犁悬挂架两端的调节螺栓和调节侧板，达到调整的目的，调定后锁紧螺母。

③ 入土能力的调整：通过变换犁与拖拉机挂接孔位和改变拖拉机上拉杆的长度调整犁的入土能力。

④ 综合调整：犁的各种调整是有机地联系在一起，并相互影响。在调整时，首先要解决主要矛盾，然后辅以其他调整，解决次要矛盾，调整时应满足以下要求：

a. 达到预定耕深，入土行程短，前后犁体耕深一致。

b. 拖拉机走直性好，耕宽稳定，驾驶员操作容易。

c. 拖拉机负荷正常，效率高，油耗少。

（3）机械翻转犁翻转机构的调整。

① 钩子钩舌间隙的调整：当犁的耕深达到规定要求时，钩子和钩舌之间的间隙应保持在 2～3 mm 为宜，这个间隙可通过改变犁的悬挂架上调整拉杆的长度来实现。但若拖拉机悬挂机构拉杆吊杆长度改变，此间隙也改变，还得重新调整。

② 限位螺钉的调整：当拖拉机把犁提起时，搬动手杆打开卡销，这时犁在自重的作用下就可翻转 180°，当转到接近 90°，即最高位置时，钩子应自动脱开。如果脱离过早，则反转没劲，可能到不了位；如果脱离过迟，则反转被制动，使翻转失败，这时可通过调整限位螺钉来保证其适时脱钩，使翻转成功。

3. 双向犁的作业技术与安全注意事项

（1）作业技术要求。

① 适时耕翻：在土壤干湿适宜和作业适宜期内适时作业。

② 覆盖严密：要求耕后地面杂草、肥料、残茬充分埋入土壤。

③ 翻垡良好：无立垡、回垡、耕后土层蓬松。

④ 符合规定的耕深，并耕深一致：耕后地表、沟底平整，无漏耕、重耕，地头整齐，无剩边剩角，垄沟要少、小。

（2）安全注意事项。

① 犁在工作、运输和回转时应注意行人和障碍物，严禁在犁升起后又不加支撑保险的情况下，在犁下方进行修理和保养。

② 不准在拖拉机行驶时进行保养，调整，排除障碍物。

③ 不准在犁体未出土时进行转弯或回转作业。

④ 落犁时，液压手柄严禁放在强迫下降位置。

⑤ 犁在工作时，拖拉机悬挂装置上下拉杆的限位链应松弛，不允许任何一边有紧张现象。长途运输时，应把犁提升到最佳高度，并限位，同时拉紧下拉杆限位链，防止犁摆动。

4. 双向犁的保养

（1）出车前或交接班时，必须检查犁的技术状况，紧固各种螺栓，及时更换易损零件，保持犁的良好工作性能。

（2）确保犁侧板保持在良好的状态，过度磨损的犁侧板会影响机组的直线性和工作性能，大部分犁侧板可翻转使用。

（3）磨钝或磨损的零件有可能影响犁的各方面性能，所以要及时更换和维修。

（4）每八个工作小时给各润滑点加注润滑脂或润滑油，尤其是保证犁架转轴和悬挂架间的转动灵活性。

（5）液压部件要注意防尘、防锈、防蚀，尤其是油缸活塞杆要注意防碰。接头和接口要长期保持清洁，严防沙尘等杂物进入液压系统；长期放置时，应把接头和接口包严密封。

（6）当耕作季节结束后，应将限深轮、轴承等运动零件拆下，检查清洗、更换磨损过度和损坏的零件，安装好后注满黄油。犁铧、犁壁和犁侧板等与土壤接触的工作表面，以及各部外露的螺丝，入库前应清除脏物，涂防锈剂，置于干燥处。

实训 5.6　耕地作业质量的检查

耕地质量检查主要包括耕深、耕后地面是否平整、土垡翻转、肥料与秸秆残茬等的覆盖、漏耕或重耕、地头是否整齐等内容。

1. 耕深检查　犁耕过程中检查和耕后检查。犁耕过程中的检查，主要看沟壁是否直，用直尺测量耕深是否达到规定的深度。耕后检查，应先在耕区内沿对角线选 20 个点，用直尺插到沟底测量深度，实际耕深约为测量耕深的 80%。

2. 耕幅检查　检查实际耕幅只能在犁耕过程中进行。先自犁沟壁向未耕地量出大于此耕幅的距离，做上标记，待犁耕后，再测量新沟壁到记号处的距离，两距离之差即为实际耕幅。

3. 地表面平整性检查　检查地表平整性时，首先沿着耕地方向，检查沟、垄及翻垡情况，除开墒和收墒处的沟垄外，还要注意每个耕幅接合处。如接合处高起，说明两行程之间重耕；接合处低洼，说明有漏耕。

4. 地表覆盖检查　检查秸秆残茬、杂草、农家肥覆盖是否严实。要求覆盖有一定深度，最好在 10 cm 以上或翻至沟底。

5. 地头、地边检查　检查地头、地边是否整齐，有无漏耕边角。

实训 5.7　整地作业质量的检查

整地作业质量包括耕作深度是否适宜一致，碎土及杂草残茬清除情况及整地后的地表平整度和有无漏耙等现象。

1. 检查碎土及杂草残茬清除情况　检查松土、碎土、剩下大土块和未被除尽的杂草残茬情况。可在作业地段的对角线上选择 3~5 个点，每点检查 1 m^2。

2. 检查耙（旋）深度　每班次检查 2~3 次，每次检查 3~5 个点。一般耙（旋）深测定方法有两种：一是在测点处将土扒开，露出沟底，用直尺测量，沟底至地面的距离即为耙（旋）深；二是将机组停在预测点，用直尺测量耙（旋）架平面至耙片（旋刀）底缘的距离和耙（旋）架平面至地表的距离，两者差即为该点耙（旋）深。

3. 检查有无漏耙（旋）和地表质量　沿对角线检查，耙（旋）后地表不得有高埂、深沟，一般不平度不应超过 10 cm。

实训 5.8　旋耕机的安装与调整

1. 旋耕机的安装

（1）刀片的安装。凿形刀的安装没有特殊要求，只要用螺栓将刀片紧固在刀座上即可。

弯刀有左弯和右弯两种。在安装时有不同的配置方法，一般应根据作业要求而定。刀片配置不当不仅影响耕作质量，还会影响机器的使用寿命。常用的刀片配置有混合安装、向内安装和向外安装三种。

安装刀片时，应先将左、右弯刀分成两部分，然后按顺序安装，并注意刀片刃口是否与刀轴的转向相一致。若装反，则刀背向前，刀刃不起作用，不能入土或增加阻力。因此，在安装时应特别注意，装好后还应全面检查。

① 混合安装：左、右弯刀在刀轴上交错对称安装，即在同一截面上，左右弯刀各一把，刀轴两端的两把弯刀全向里弯，使土块不致洒向两侧。这样安装，耕后地面平整，使用较为普遍。混合安装如图 5-25 所示。

② 向内安装：从刀轴中间开始安装，左、右弯刀片都朝向刀轴中间。这样安装，耕后地面中间高出成垄。刀轴受力对称，不产生漏耕，适用于做畦前的耕作。向内安装如图 5-26 所示。

③ 向外安装：从刀轴中间开始安装，左弯刀片安装在刀轴的左侧，右弯刀片安装在刀轴的右侧。两端最外侧的左、右弯刀片都朝向刀轴中间，这样安装，刀轴受力对称，耕后地面形成一个沟，适用于拆畦耕作或旋耕开沟联合作业。向外安装如图 5-27 所示。

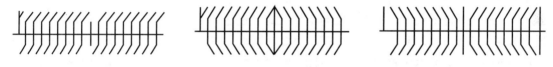

图 5-25　混合安装　　　图 5-26　向内安装　　　图 5-27　向外安装

（2）万向节轴的安装。万向节轴安装时应使两端的轴及套的节叉位于同一平面内，如果不在同一平面内，则万向节轴在工作过程中会产生强烈振动并伴有杂声，所以在安装时应特别注意。安装完毕后应将两端插销插入花键轴的凹槽内并用定位销锁好，防止节叉甩出造成事故。旋耕机工作时，轴和套的重合长度应不小于 15 cm。万向节总成的安装如图 5-28 所示。

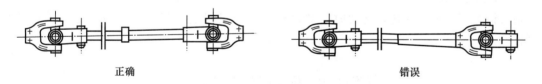

正确　　　　　　　　　　　　　错误

图 5-28　万向节总成的安装

（3）与手扶拖拉机的连接。手扶拖拉机配套的旋耕机是用螺栓将旋耕机固定在手扶拖拉机变速箱体的后面与拖拉机连成一整体。安装时，应先拆下拖拉机牵引框变速箱盖板，把旋耕机固定到变速箱体上，注意对准接合平面上的定位销。当传动齿轮啮合不上时，不要硬装，应稍稍转动旋耕机刀轴，即可合上，通过调整垫圈厚度调整齿轮啮合间隙。

（4）与四轮拖拉机的悬挂连接。悬挂连接时，先将拖拉机与旋耕机的左、右悬挂销连接，然后安装上拉杆，再安装万向节。安装时要注意，万向节轴一端的节叉开口和套的一端的节叉开口必须在同一平面内。连接完毕后，提升旋耕机，使刀片稍离地面做低速试运转，检查各部件是否正常。确认运转正常后，方可正式作业。新购旋耕机初次运转前应在变速箱中加注齿轮油。

2. 旋耕机的调整　旋耕机的调整应在实地试耕时进行。

(1) 左右水平的调整。将旋耕机降低至刀尖接近地面，查看其左右刀尖离地高度是否一致。若不一致，则应调节悬挂机构的左、右吊杆长度。

(2) 前后水平的调整。旋耕机正常工作时，通过调节左、右吊杆和上拉杆长度，使旋耕机变速箱处于水平状态，此时万向节前端也接近水平。

(3) 耕深的调整。旋耕机的耕深调整，视拖拉机液压悬挂系统的形式而定。具有力、位调节的液压悬挂系统，应使用位调节，禁止使用力调节。分置式液压悬挂系统，应使用油缸上的定位卡箍调节耕深，当达到所需耕深时，将定位卡箍固定在相应的位置上。工作时，分配器操纵手柄应处于"浮动"位置。

手扶拖拉机旋耕机的耕深，是通过调整尾轮（或滑橇）位置的高低来实现的。上下移动尾轮的外管，可在较大范围内调节耕深。尾轮外管位置固定合适后，旋转尾轮手柄可少量调节耕深。

旋耕机的耕深，受刀盘直径的限制。刀盘直径大，耕深也大；反之则小。目前，国产各类型旋耕机的耕深调节范围一般为 12～16 cm。

(4) 碎土性能的调整。碎土性能与拖拉机的行进速度和刀轴转速有关。刀轴转速一定，增大拖拉机的行进速度时，碎土性能差，反之，则碎土性能好。此外，在旋耕机后面有一块可调节的拖板，其高低位置的改变，也能影响碎土和平地的效果，在使用时可根据需要将其固定在某一位置上。

(5) 提升高度的调整。用万向节轴传动的旋耕机，由于受万向节轴传动时倾角的限制，不能提升过高。在传动中，如旋耕机提升高度过大，使万向节轴的倾斜角超过 30°时，会引起万向节轴损坏而发生危险。因此，旋耕机的提升高度，一般限制在刀片离开地面高度 15～20 cm。所以，在开始耕作前，应将液压操纵手柄事先限制在允许的提升高度内。

(6) 旋耕机齿轮箱的调整。旋耕机在使用中由于轴承、齿轮的磨损，其轴承间隙和齿轮啮合情况都会发生变化，必要时应加以调整，应根据说明书的办法或由专业人员进行调整。

实训 5.9　旋耕机作业注意事项

1. 旋耕机开始工作时，要先接合动力输出轴，再挂上工作挡，要柔和抬起离合器踏板，同时使旋耕机刀片逐步入土，随之加大油门，直到达到正常耕深。禁止在起步前将旋耕机先入土或猛放入土，否则会造成刀轴、刀片、传动齿轮或传动链条及其他部件的损坏。

2. 旋耕机作业时，禁止在旋耕机上堆放重物或站人，严禁靠近旋转部分。

3. 旋耕机在倒车或转弯时，应先将旋耕机升起，以免使刀片变形或断裂。提升旋耕机时必须限制提升高度，万向节轴两端传动角度不得超过 30°。地头升降时，要减慢转速。田间转移或越过田埂时，应先切断传动轴的动力，并将旋耕机升到最高位置。

4. 手扶拖拉机地头转弯时,应先托起手扶架,使旋耕刀出土后,再分离转向离合器。

5. 旋耕机工作中,应随时注意刀轴情况,若有缠草或刀片松动,应及时清理或紧固,以免增加负荷,降低旋耕质量和损坏机件。清除缠草或检修时,必须先切断旋耕动力,在发动机熄火后进行。

6. 作业中,驾驶员要注意倾听旋耕机是否有杂声或金属敲击声。如有,应立即停机检查,排除故障后方可重新工作。

7. 每工作 3～4 小时,应停车检查一下刀片是否松动或变形,其他紧固件有无松动。同时给万向节轴承打一次润滑脂。

8. 停车时,应将旋耕机降下,不得悬空停放。

实训 5.10　旋耕机的维护保养与常见故障排除

1. 旋耕机的维护保养
(1) 班次作业前后的维护保养。
① 检查拧紧各连接部分的螺母或螺栓。
② 检查万向节轴的插销、开口销是否缺损。如有缺损,应及时补充或更换。
③ 检查齿轮箱或链轮箱油面,必要时添加。
④ 对万向节及刀轴左、右轴承等应按规定加注润滑脂。
⑤ 清除轴承座、刀轴及机罩上的积泥与油污。
(2) 累计作业 100 小时后的维护保养。
① 检查齿轮箱或链轮箱齿轮油质量,如变质或铁屑多时应予更换。
② 检查刀轴两端轴承是否因油封失效而进泥水,必要时应拆开清洗,并加足润滑脂。
③ 检查万向节十字轴是否因滚针磨损而松动,是否有泥土进入,造成转动不灵活,必要时可拆开清洗并重新加润滑脂。
④ 检查刀片是否过度磨损,必要时磨刃或更换。
⑤ 对用链条传动的旋耕机,还应检查链节与销子铆接是否松弛,必要时应重新铆接或更换部分链节。此外,还应检查链条张紧度,链条张紧器的弹簧是否失效,必要时应进行调整或更换。
⑥ 检查各传动部分是否漏油,必要时修理。
(3) 每季工作结束后的维护保养。
① 彻底清除旋耕机上的油污、泥土等。
② 放出传动箱内的齿轮油,并清洗内部,然后加入新齿轮油。
③ 清洗刀轴两端轴承,检查油封,必要时更换轴承和油封。重新装回后应注入新润滑脂。
④ 拆下全部刀片,进行检查校正,然后涂废机油保存。
⑤ 拆洗万向节轴总成,清洗十字轴滚针,必要时应更换。
⑥ 检查锥齿轮的啮合间隙和轴承间隙,必要时应调整。可根据说明书采取增减垫片的方法进行。

2. 旋耕机常见故障及排除方法　旋耕机常见故障及排除方法见表 5-3。

表 5-3　旋耕机常见故障及排除方法

故障现象	故障原因	排除方法
拖拉机负荷过大	1. 旋耕深度过大 2. 土壤黏重，干硬	1. 减小耕深 2. 降低机组前进速度
旋耕机作业时跳动	1. 土壤坚硬 2. 刀片安装不正确 3. 万向节轴安装不正确 4. 刀轴变形	1. 降低机组前进速度 2. 按规定重新安装 3. 重新安装 4. 校直刀轴
作业时旋耕机后部不断抛出大土块	1. 刀片变形 2. 刀片断裂 3. 刀片丢失	1. 校正或更换刀片 2. 更换刀片 3. 重新安装新刀片
旋耕后地面起伏不平	1. 旋耕机未调平 2. 平地拖板位置安装不正确 3. 机组行进速度过快 4. 刀片安装不正确	1. 重新调平 2. 重新调整 3. 降低机组行进速度 4. 重新安装
作业中刀轴转不动	1. 刀轴弯曲变形 2. 刀轴缠草、堵泥严重	1. 校直刀轴 2. 清除缠草和泥
刀座开焊	1. 刀遇碰石块 2. 刀片装反，受力过大 3. 旋耕机下降过猛使刀片受力过大	1. 除石块，重新焊接 2. 正确安装 3. 降低下降旋耕机速度
刀片弯曲或折断	1. 刀片遇碰石块 2. 机组转弯时仍在工作 3. 旋耕机下降过猛使刀片受力过大	1. 清除石块，更换刀片 2. 转弯时应使旋耕机提离地面 3. 降低下降旋耕机速度

实训 5.11　圆盘耙的安装与调整

1. 圆盘耙的安装

（1）耙片的安装。缺口耙耙片安装时，耙片的缺口应对着相邻耙片的凸齿顺序安装在方轴上。

（2）轴承的安装。安装耙组前，先确定轴承的位置。10 个耙片的耙组轴承位置都在第一、六、八间管处，11 个耙片的耙组轴承位置在第二、七、九间管处（按装入次序数）。

（3）间管的安装。间管两端大小不等，安装时应使大头与耙片凸面衔接，小头与凹面衔接。

2. 圆盘耙的调整　圆盘耙工作时，耙架应前、后、左、右水平，达到耙深一致。耙组偏角大小的调整视土壤情况和农业技术要求而定。耕后播前整地作业，要求以碎土、耙实为主，达到上松下实，这时偏角不宜过大。若耙深不够时，可以在耙架上加重物，以增加耙地深度。灭茬或混肥、以耙代耕等作业，耙角宜调大，以增强翻土的作用。

(1) 圆盘耙的挂接。挂接时一般采用正牵引形式。但要注意，耙的牵引点的上下位置可以调整，其正确状态是圆盘耙前后两列耙组的工作深度一致。若前列耙组过深，可将牵引点向下移，反之，则向上移。

(2) 耙深均匀性调整。耙地作业时，耙组凹面一端有增大耙深的趋势，凸面一端有出土的趋势。为使耙组在全长内的耙深均匀一致，前列耙组将耙架连同配重压在耙组凸面端，不让它翘起，后列耙组的凹面端用吊杆吊在耙架上，不让它入土过深。吊杆上有几个调节孔，工作时应视情况改变吊杆的长度进行水平调节。

(3) 耙组角度的调整。耙组角度是指圆盘耙在工作状态时，耙组轴线方向与垂直前进方向的直线的夹角。耙组角度越大，耙片入土、碎土性能越强，耙地越深，耙地阻力也越大。各种类型圆盘耙耙组偏角调整范围见表5-4。

表5-4 各种类型圆盘耙耙组偏角调整范围

类型	耙组偏角调整范围	
	前耙组	后耙组
重型耙（度）	14～20	14～23
中型耙（度）	14～20	14～23
轻型耙（度）	14～20	14～23

工作时可通过角度调节器调节各耙组的偏角来改变耙的深浅。调节器的上下滑板为一体，套在主梁上，其前端和牵引板相连，下滑板后端长孔和下弯部分分别和前列耙组两上侧拉杆及后列耙组角度调节拉杆连接。调节齿条在主梁上可以前后移动。需要增大偏角时，将齿条提起前移到相应的缺口，在卡子上卡住。然后开动拖拉机，牵引板通过上下滑板带动拉杆前移，前列两耙组外端向前移动，下滑板带动中央拉杆拉动左右拉钩使后列耙组内端前移，前后列耙组偏角同时增大，直至上

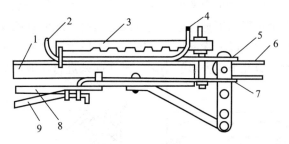

图5-29 耙组角度调节器
1. 下滑板 2. 卡子 3. 调节齿条
4. 前列耙组角度调节拉杆 5. 上滑板
6. 后列耙组角度调节拉杆 7. 牵引板
8. 滑板上弯部分 9. 主梁

滑板的上弯部分抵住齿条末端为止。拖拉机继续前进时，整个机组一起前进。如要变为运输状态，可使拖拉机后退，则下滑板也在主梁上向后滑动，直到不能再滑动为止。由于下滑板上有长槽及中央拉杆与滑板是单向钩连接，拖拉机后退时，耙架和前后耙组相对地面暂时不动，然后将齿条第一缺口卡于卡子上，机组再前进时，前耙组内端及后耙组外端先随机架前进，使偏角为零，即可达到田间转移的要求。耙组角度调节器如图5-29所示。

(4) 配重调节。在耙地过程中，改变耙地深度，一般采用改变耙组偏角或机组增加配重的方法来调整。机组增加配重愈大，耙深愈大。配重不应超过400 kg，配重在前列耙组要放在加重盘的中部，后列耙组放在加重箱的两端。

(5) 刮土器的调整。刮土器与耙片凹面间隙为3～8 cm，与耙片外缘距离保持在20～25 cm。间隙不合适时，可通过改变刮土器在耙架上的位置来调整。

实训 5.12　圆盘耙的作业

1. 作业前圆盘耙的技术状态检查　作业前检查耙的各部件是否完好,有无变形和缺损状况,各紧固螺钉有无松动,特别是方轴螺母必须拧紧。清理杂物,保证各转动部件运转灵活。检查铲土片的位置,是否有摩擦耙片的现象。根据作业要求调整好耙组的偏角和耙深。

2. 耙地方法　耙地作业一般有顺耙、横耙和交叉耙（斜耙）三种。顺耙法是耙的行走方向与犁耕方向平行,往返依次顺耙,最后地头横耙。这种耙地方法耙片阻力小,但耙后地表不平坦,土层耙不透,垄沟不易填平。横耙法是耙的行走方向与犁耕方向垂直。这种耙地方法平整地表效果好,但容易将已埋下的杂草、根茎等拉出地面,耙地时工作阻力大,机组颠簸大,驾驶员容易感到疲劳。交叉耙法是耙的行走方向与犁耕方向成45°夹角,这种耙法的优点是能将土壤耙平、耙透,碎土平土效果好,工作中机组行走平稳,但走的路线比较复杂,夜间作业易产生漏耙或重耙,适用于大地块作业。

实际当中通常采用套耙法和对角交叉耙法。

（1）套耙法。先将地块分成相等宽度的两个小区,机组从小区的一侧进入,从另一小区返回,顺时针或逆时针套耙。这种行走方法都是顺着耕地方向耙,因此不用地头转小弯,容易掌握。应防止因机组走偏而引起的重耙或漏耙。套耙法如图5-30所示。

（2）对角交叉耙法。地块呈正方形或近似正方形时,机组从地块的一角沿对角线方向偏半个耙工作幅宽行进,到对面地边时,顺时针或逆时针返回,依次耙完,最后沿地块四周绕行一遍,以消除漏耙,如图5-31所示。这种方法平地效果较好。地块为长方形时,可把地块分成几个正方形的小区,再连起来进行作业,如图5-32所示。

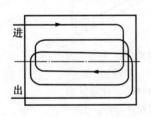 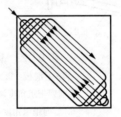 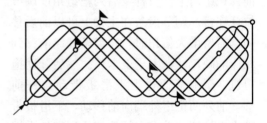

图5-30　圆盘耙套耙法　　图5-31　正方形地块圆盘耙对角线交叉耙法　　图5-32　长方形地块圆盘耙对角线交叉耙法

3. 作业过程中的注意事项　耙地作业时,严禁对耙进行修理、检查和调整。拖拉机带耙作业中不许转急弯,牵引耙不许倒,悬挂耙转弯、倒车时必须把耙升起后才可进行。

实训 5.13　圆盘耙的维护保养与常见故障排除

1. 圆盘耙的维护保养　每班次工作结束后,应清除耙上泥草杂物,检查各连接部位的紧固情况,检查耙架有无变形,转动部件是否灵活；每个作业季节完毕后,除进行班保养外,还应清洗耙组,向各润滑部位注满润滑油、脂,并在耙片等处涂上防锈油,存放在干燥处或入库。

2. 圆盘耙常见故障及排除　圆盘耙常见故障及排除方法见表 5-5。

表 5-5　圆盘耙常见故障及排除方法

故障现象	产生原因	排除方法
耙片等零件脱落	1. 方轴螺母未拧紧 2. 轴承螺母松脱 3. 轴承与耙架轴承连接支板螺丝松脱	1. 按规定步骤拧紧螺母 2. 拧紧螺母 3. 拧紧螺母并校正变形
耙不入土或耙深不够	1. 耙片偏角太小 2. 耙片磨钝 3. 土质太硬，耙太轻 4. 耙片间有堵塞 5. 作物残茬过多或不均匀	1. 调大偏角 2. 磨锐耙片刃口 3. 换用重型耙 4. 消除堵塞物 5. 粉碎或撒匀作物残茬
耙后地表不平	1. 前后列偏角未调好 2. 耙组转动不良 3. 耙组局部堵塞 4. 耙架未调平 5. 作物残茬不均匀	1. 按规定调好偏角 2. 调好轴承间隙或校正变形耙 3. 清除堵塞物 4. 调平耙架 5. 撒匀秸秆
耙片堵塞	1. 土壤太黏太湿 2. 刮土铲不起作用 3. 偏角过大 4. 秸秆未腐化	1. 含水量适中时耙地 2. 调整刮土铲位置 3. 调小偏角 4. 秸秆腐化到易切断时耙地
碎土不好	1. 前后列耙组未错开 2. 耙速太慢 3. 土壤太湿太黏	1. 调好左右位置 2. 加快耙速 3. 适时耙地
耙组不转动	1. 轴承损坏 2. 耙组轴变形 3. 泥草堵塞	1. 更换轴承 2. 校直耙组轴或更换 3. 清除泥草

模块6 播种施肥机械

【内容提要】

播种作业是农业生产过程的重要环节，良好的播种质量是保证农业丰收的前提。采用机械播种，可以减轻劳动强度，提高效率，争抢农时，做到苗全苗壮，并为后续的机械化田间管理和收获作业创造条件。

本模块主要介绍播种机和抛秧机等常用机型的基本构造、使用和维护技巧。

通过本模块的学习，树立高标准农田建设意识，为我国种业振兴做出自己的贡献。

【基本知识】

6.1 播种施肥作业的技术要求

6.1.1 播种作业要求

播种作业的要求包括播种期、播种量、种子在田间的分布状态、播种深度和播后覆盖压实程度等。

1. 播种适时 不同的作物有不同的适播期，即使是同一种作物，不同地区的适播期也相差很大。因此，应根据作物品种要求的种植条件和当地气候条件确定适宜的播种期。在适宜的播种期内，再根据具体的气候条件和土壤类型及墒情选择具体地块的适宜播种时间。

2. 播种量准确 播种量按农艺要求确定，播种作业要求做到播量精确，下种均匀，不漏种，不重行，各行播量一致。

3. 播深合适 播深是保证作物发芽生长的重要因素。播深的选择主要考虑种子的特性、地温和墒情等。种子应播在湿土上，土壤干旱时，可深开沟浅覆土；墒情好，地温低，小粒种子，播深稍浅；播种晚，墒情差及大粒种子，播深可稍大些。

4. 播后覆盖压实适度 播后覆土压实可增加土壤紧实程度，使下层水分上升，种子紧密接触土壤，有利于种子发芽出苗。适度压实在干旱地区及多风地区是保证全苗的有效措施。

5. 播行直、行距匀 播行应保持直线，相邻两程播种衔接的相邻行的行距要均匀，不能过宽或过窄。

6.1.2 肥料特性及施肥技术要求

1. 肥料特性 肥料可分为有机肥、化肥和复合肥。

（1）有机肥。有机肥主要有人粪尿、畜禽粪尿、绿肥、厩肥、土杂肥等，含有丰富的有机物、氨、磷酸、氧化钾等，是一种完全肥料，有效期长，但施用困难。

(2) 化肥。化肥成分单一，一种化肥一般含有一种或两种以上的成分，含量高，用量少，施用方便，但对环境和土壤有影响。

(3) 复合肥。复合肥兼具有机肥成分的多样性和化肥肥效快、用量少、含量高的特点，施用也比较方便，大部分呈颗粒状。

2. 施肥要求

(1) 施基肥。有机肥主要用作基肥，由于其团块大又易形成黏结，在施肥过程中应注意破碎、撒布均匀，并按要求有一定的厚度，以免因肥料层过厚架空土壤，影响种子的发芽。播种前先用撒肥机将肥料撒在地表，犁耕地时把肥料深埋在土中，或在耕地时把肥料施入犁沟内。犁耕覆盖彻底并要求有一定的深度。

(2) 施种肥。在播种时将种子和肥料同时播入土中，多用种、肥分离侧位深施或正位深施等，要求作物种子与肥料之间有一定厚度的土壤隔层。

(3) 施追肥。在作物生长期间，将肥料施于作物根部附近；或用喷雾法将易溶于水的营养元素（叶面肥）施于作物叶面上，深施或喷施都要均匀、适量、及时，不得伤害作物。根施要覆盖完好。

(4) 施氮肥、磷肥的注意事项。施氮肥时，无论是固态还是液态都必须深施在地表下 6~10 cm，并要覆盖严实才能减少氨的挥发损失。施磷肥时，应在播种时将其施在种子的侧深部位。

6.2 播种机

6.2.1 播种机的分类

播种机的分类方法很多。按播种后种子分布状态、种子数量和穴距的精确情况，可分为条播机、精密（点、穴）播种机、撒播机；按联合作业形式，可分为旋耕播种机、铺地膜播种机和免耕播种机等；按与拖拉机连接方式，可分为牵引式、悬挂式和半悬挂式；按排种器形式可分为外槽轮式、水平圆盘式、气力式和离心式等；按种子特点，可分为麦类、中耕作物类、小颗粒类和块茎类等。

6.2.2 谷物条播机

目前国内外使用的谷物条播机以条播麦类作物为主，兼施种肥。增加或更换部件可以播草子、镇压、筑畦埂等。条播机能够一次完成开沟、均匀条形布种及覆土工序。播种机工作时，开沟器开出种沟，种子箱内的种子被排种器排出，通过输种管落到种沟内，然后覆土器覆土。有的排种器还带有镇压轮，用以将种沟内的松土适当压密实，使种子与土壤密切接触，有利于种子发芽生根。

谷物条播机一般由机架、排种排肥部件、开沟覆土部件、传动部分组成，如图6-1、图6-2所示。机架一般为框架式，主要支持整机和各种工作部件；排种排肥部件，包括种子箱、废料箱、排种器、排肥器、输种管和输肥管等；开沟覆土部件，包括开沟器、覆土器及开沟器升降调节机构；传动部分通常由地轮（行走轮）通过链轮、齿轮等将动力和运动传递给排种、排肥部件。

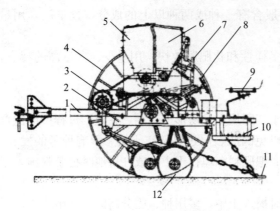
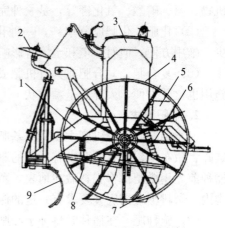

图6-1 2BF-24型谷物施肥播种机
1.牵引架 2.机架 3.传动机构 4.地轮 5.肥箱
6.种箱 7.起落操纵机构 8.深度调节机构
9.座位 10.脚踏板 11.覆土器 12.开沟器

图6-2 2B-16型谷物播种机
1.机架 2.划行器 3.种子箱 4.地轮
5.工具箱 6.输种管 7.前、后列开沟器
8.深度调节杆 9.松土铲

6.2.3 精密（点、穴）播种机

精密播种又叫精量播种，是指按精确的粒数、间距和播深，将种子播入土中。精密播种一般每穴中有一粒或多粒种子，但要求每穴中的种子数相等。精密播种可以节省种子和后期间苗的工作量，对种子的出苗率和田间病虫害的防治要求较高。播种玉米、大豆、高粱、甜菜、棉花等中耕作物多数采用精密播种，播种小麦有部分采用半精量播种或精密播种。

精密播种机的结构如下：

1. 机架 悬挂式精密播种机多为单梁式机架，牵引式精密播种机多为框架式机架，各种工作部件都安装在它上面，机架起着支撑整机的作用。

2. 播种部件 播种部件包括种子箱，能达到精密播种的机械式气力式排种器，可调节的刮种器和推种器等。

3. 排肥部件 排肥部件包括排肥箱、排肥器、输肥管和施肥开沟器。

4. 土壤工作部件及仿形机构 包括开沟器、压种轮、仿形限深轮、镇压轮及平行四杆机构等。

5. 其他附设装置 气力式精密播种机设有风机、风管及其传动机构，以供排种器所需的风力；有的播种机上采用机械式、电子式监视报警装置，以保证精密播种质量。

图6-3为2BZ-6播种中耕通用播种机的构造示意图。

6.2.4 排种器

1. 谷物条播机的排种器

（1）外槽轮式排种器。外槽轮式排种器结构简单，如图6-4所示，槽轮每转一圈的排种量基本稳定。工作时，外槽轮旋转，种子靠自重充满排种盒及槽轮凹槽，槽轮凹槽将种子带出实现排种。

排种量的调整，主要靠改变排种槽轮工作长度和通过调整传动链轮或齿轮速比改变排种槽轮转速。排种器对大、小粒种子有较好的适应性，广泛用于谷物条播机，亦可用于颗粒化

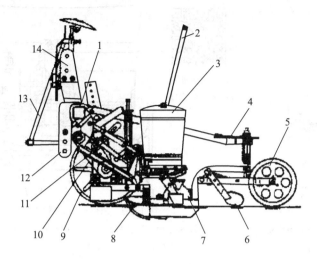

图 6-3 2BZ-6 播种中耕通用播种机

1. 主横梁 2. 扶手 3. 种子箱及排种器 4. 踏板 5. 镇压轮 6. 覆土板 7. 成穴轮 8. 开沟器 9. 行走轮 10. 传动链 11. 四连杆仿形机构 12. 下悬挂架 13. 划行器架 14. 悬挂架

肥、固体杀虫剂、除莠剂的排施。

（2）内槽轮式排种器。内槽轮式排种器的凹槽在槽轮内圆上，如图6-5所示，工作时槽轮旋转，种子靠内槽和摩擦力在槽轮内环向上拖带一定高度，然后在自重作用下跌落下来，由槽轮外侧开口处排出。排种量主要靠改变转速来调节，适于播麦类、谷子、高粱、牧草等小粒种子。

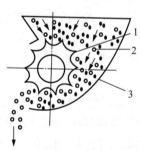 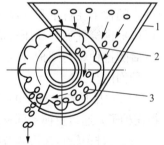

外槽轮式排种器
排种量调整

图 6-4 外槽轮式排种器　　图 6-5 内槽轮式排种器

1. 外槽轮 2. 种子 3. 排种盒　　1. 排种器体 2. 内槽轮 3. 种子

（3）磨盘式排种器。磨盘式排种器在排种纹盘和播量调节板或底座之间保持一定的间隙，间隙中充满种子。工作时弧纹形纹盘旋转，带动种子向外做圆周运动，到达排种口的种子靠自重跌落下来，由槽轮外侧开口处排出。这种排种器适应于流动性较好的种子。磨盘式排种器如图6-6所示。

2. 精密播种机的排种器

（1）水平圆盘式排种器。水平圆盘式排种器工作时，种子箱内的种子靠自重填充到旋转着的排种盘槽孔中，并随排种盘转到刮种器部位时，被刮种舌刮掉多余的种子。保留在槽孔内的种子转到排种口时，种子在自重和推种器作用下落入种沟内。水平圆盘排种器如图6-7所示。

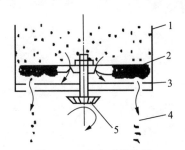

水平圆盘式排种器工作原理
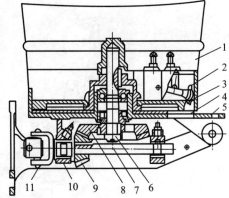

图6-6 磨盘式排种器
1. 种子箱 2. 纹盘 3. 播量调节板
4. 种子 5. 传动轴

图6-7 2BZ-4型播种机的水平圆盘排种器
1. 种子筒 2. 推种器 3. 水平圆盘 4. 下种口 5. 底座 6. 排种立轴
7. 水平排种轴 8. 大锥齿轮 9. 小锥齿轮 10. 支架 11. 万向节轴

排种的株距与排种盘转速及孔数有关。播种机上配有多种槽孔尺寸的排种盘，可根据所播作物品种、种子尺寸、播量和株距来选用。该排种器主要用于精密播种玉米、高粱、大豆等种子的播种机上，作业速度一般不大于6 km/h。

（2）窝眼轮式排种器。窝眼轮式排种器工作时，种子靠自重侧向进入充种盘型孔内，随充种盘旋转并被带到上部。在此过程中，多余的种子沿圆盘表面靠自重或用清种毛刷清除后滑落到下面的充种区。型孔内的种子转到上部隔板的缺口部位时，种子靠自重或投种器的作用，落入到与充种盘同步旋转的排种盘上的型孔内，并随排种盘转到排种器最下方，通过排出口落到种沟内。窝眼轮式排种器如图6-8所示。

（3）气吹式排种器。气吹式排种器的排种过程与窝眼轮式排种器相似，不同点是利用气流把多余的种子清除掉。充种区的种子在自重和气流压差作用下，充填到排种轮型孔内。当充种型孔转到清种区时，由风机提供给气嘴的高压气流将型孔上部多余的种子吹掉，只留一粒种子被压附在型孔底部，然后随排种轮转到护种区，气压消失，到开沟器上方时种子靠自重及推种片的作用排出，落入种沟内。

与窝眼轮式排种器相比，气吹式排种器对种子的形状、尺寸要求也不高，作业速度可达8 km/h；排种性能较好，不损伤种子。通过更换不同型孔的排种轮和调节吹气压力，可以播种玉米、脱绒棉籽、球化甜菜等，改变排种轮转速可调节株距。气吹式排种器如图6-9所示。

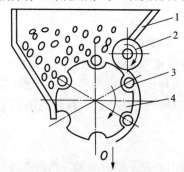
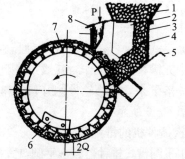

图6-8 窝眼轮式排种器
1. 种箱 2. 刮种轮
3. 种子 4. 排种轮

图6-9 气吹式排种器
1. 种箱 2. 挡种板 3. 壳体 4. 种子
5. 插板 6. 推种片 7. 排种轮 8. 气嘴

6.2.5 开沟器

开沟器的作用主要是在播种机工作时,开出种沟,引导种子和肥料进入种沟,并使湿土覆盖种子和肥料。常用的开沟器有锄铲式和圆盘式。

1. 锄铲式开沟器 锄铲式开沟器的入土性能好,但工作时会将下层湿土上翻与上层干土混合,造成土壤水分损失,影响种子发芽。当田间杂草和残茬较多时,开沟器容易发生缠草和壅土现象,所以对整地质量要求较高。常用于麦类和豆类作物播种。锄铲式开沟器如图6-10a所示。

2. 双圆盘式开沟器 双圆盘式开沟器的工作由两个倾斜的平面圆盘来完成,两圆盘呈140°夹角,在前下方相交。工作时,圆盘滚动前进,切开土壤并推向两侧,形成种沟,排种器排出的种子就落在其中。随后圆盘逐渐从土中转出,沟壁下层的湿土先落下覆盖种子,上层干土再落下覆盖。这种开沟器对地块适应性强,工作可靠,不易缠草堵塞,利于高速作业,目前广泛应用于谷物播种机上。双圆盘式开沟器如图6-10c所示

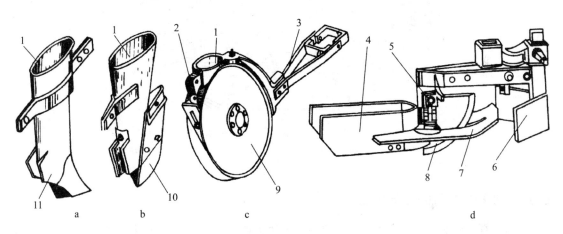

图6-10 开沟器
a. 锄铲式 b. 靴式 c. 双圆盘式 d. 滑刀式
1. 导种管 2. 耳环 3. 拉杆 4. 侧板 5. 限深调节螺母 6. 刮土铲
7. 限深板 8. 滑刀 9. 圆盘 10. 开沟器 11. 短侧板

6.3 插秧机

6.3.1 水稻插秧机的分类

水稻插秧机是栽植水稻秧苗的机具。水稻机插技术比传统手插栽培方法省去了拔秧、移栽二道用工量大及劳动强度大的农艺工序。通过各地推广水稻机插秧技术的实践证实,它既增产、又增收,大大降低了劳动强度。

有些水稻插秧机大致可做如下分类:按动力分为人力插秧机和机动插秧机,机动插秧机又分为手扶自走式、乘坐自走式和乘坐船自走式三种;按分插秧原理分为横分往复直插式插秧机和纵分往复直插式插秧机(包括纵分往复直插式插秧机和纵分滚动直插式插秧机);按操纵形式分为人力操纵插秧机和自动驾驶插秧机。

6.3.2 水稻插秧机的结构

水稻插秧机机型比较多,现以吉林省延吉插秧机厂生产的2ZT-935型曲柄连杆式机动水稻插秧机为例加以说明。它由165F冷风柴油机(2.4 kW)驱动,用于栽插带土秧苗。工作时一人驾驶两人装秧,每小时栽插1 134~60 093 m²。该机由发动机、秧箱、牵引架、操向盘、分插机构、万向节轴、动力架、行走传动箱、行走轮和秧船组成,如图6-11所示。

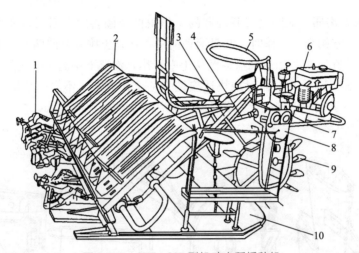

图6-11 2ZT-935型机动水稻插秧机
1.分插机构 2.秧箱 3.牵引架 4.万向节轴 5.操向盘 6.发动机
7.动力架 8.行走传动箱 9.行走轮 10.秧船

6.3.3 水稻插秧机的工作过程

插秧机的型号众多,插植基本原理是以土块为秧苗的载体,通过从秧箱内分取土块、下移、插植三个阶段完成插植动作。液压仿形基本原理是保持浮板的一定压力不受行走装置的影响。

1. 插植

(1) 分切土块。横向与纵向送秧机构把规格(长×宽×厚)为58 cm×28 cm×3 cm秧块不断地送给秧爪,切取成所需的小秧块,整个过程采用左右、前后交替顺序取秧的原则。小秧块的横向尺寸是由横向送秧机构所决定,该机构由具有左旋与右旋的移箱凸轮轴与滑套组成;凸轮轴旋转,滑套带动秧苗箱左右移动,由凸轮轴与秧爪运动的速比决定横向切块的尺寸,一般为三个挡位。有的插秧机采用油压无级变速装置,横向尺寸调整的余地更大。秧箱的横向一般为匀速运动,也有的机器为非匀速运动,在秧爪取秧瞬间减速,以减少伤秧。小秧块的纵向尺寸是由纵向送秧机构完成的。纵向送秧的执行器有星轮与皮带两种形式,步行插秧机上这两种形式均有,乘坐式插秧机的执行器多数采用皮带形式。皮带式是采用秧块整体托送原理,送秧有效程度较高。纵向送秧机构要求定时、定量送秧,定时就是前排秧苗取完后,整体秧苗在秧箱移到两端时完成送秧动作。纵向送秧传动机构定量送秧时,秧爪纵向切取量应与纵向送秧量相等。高速插秧机上纵向送秧与取秧有联动机构,一个手柄动作即可完成两项任务,步行机有的需作两次调节才能实现纵向切取量与纵向送秧量相等。

(2) 下移。秧爪与导轨的缺口(秧门)形成切割副,切取小秧块后,秧块被秧爪与推秧器形成的楔固定住往土中运送。

(3) 插植。秧爪下插至土中后,推秧器把小秧块弹出入土,秧爪出土后,推秧器提出回位。

2. 液压仿形 插秧机的浮板是插秧深度的基准,保持较稳定的接地压力就能保持稳定一致的插深,高性能插秧机均是通过中间浮板前端的感知装置控制液压泵的阀体,由油缸执行升降动作。

当水田底层前后不平时,通过液压仿形系统完成升降动作;当左右不平时,通过左右轮的机械调节或液压的调节来维持插植部水平状态。高速插秧机插植部通过弹簧或液压来维持插植部的水平,使左右插深一致。

6.3.4 水稻插秧机对农艺的要求

1. 机械插秧的秧田如何耕整与准备

(1) 机插秧大田的精细耕整非常重要。应根据茬口、土壤性状采用相应的耕整方式。耕整时,不宜用深耕机械作业,以防耕作层过深影响机插效果。一般来讲,机械作业深度不宜超过 20 cm。

(2) 大田耕整后,应达到的基本要求是:田面平整,田块内高低落差不大于 3 cm,确保栽秧后寸水浇到每棵秧苗;田面整洁,清除田面过量残物;泥土上细下粗,细而不糊,上软下实。

(3) 机插秧移栽期应不迟于所选用品种在当地的人工移栽期,在茬口、气候等条件许可的前提下应尽可能提前移栽。

2. 机械化插秧对农艺的要求

(1) 水稻插秧机械化技术是由高性能插秧机及其配套育秧技术组成,高性能插秧机要求育出标准化、适龄的、带土的壮秧。

(2) 秧苗标准是:土块规格(长×宽×厚)28 cm×28 cm×2 cm,苗高 12~20 cm,秧龄 20 d 左右、叶龄 3~4 叶。育苗方式有硬盘、软盘、双膜等育苗方式,其中以双膜育秧成本最低,其盘苗土厚 2.0~2.5 cm,土层均匀等。

(3) 机插秧质量指标为:漏插率不大于 5%,相对均匀度合格率要大于 85%,伤秧率不大于 5%,作业时要求临界行距一致,不压苗,不漏行。

【基本技能】

实训 6.1 播种作业前的准备工作

为了确保播种作业的顺利进行和播种质量,在播种前必须做好准备工作,包括播种地块的准备、种子的准备、播种机技术状态的检查及播种机组的联结等。

1. 田间地块的准备

(1) 整地或地表处理。根据不同作物技术要求和播种机的特点,做好田间地块的整地或地表处理。

(2) 确定合适机组。按照作业地块情况和所选种子尺寸形状等确定合适的播种机类型和作业机组。当地块大而集中、道路通过性好时，可以选择牵引式播种机；当地块小而分散或道路通过条件较差时，采用中小型悬挂播种机组。

(3) 确定机组田间运行方式。根据地块和机组田间运行方式，并把作业地块合理划区。

(4) 确定加肥、加种位置。根据地块长度、播种量、施肥量、播种机的工作幅宽和种子箱、肥料箱的容积，确定合适的加种、加肥位置。可以先计算出每一个往返行程播种量和施肥量，再根据种子箱、肥料箱容积，确定几个往返行程加一次种、肥较好，并根据往返次数计算播种机应加种子重量和肥料重量。

加种、加肥的位置一般设在地头一端。地块较长，播种机种、肥箱容量不足一个往返行程时，也可采用地两头加种、肥。加种应在机组驶出地头转弯时停车进行。一般采用定点放种，定量加种，及时或定行程核对的方法，保证播种、施肥的质量符合规定要求。

(5) 标记地头线（起落线）。地头留宽度根据机组类型（牵引式或悬挂式）、运行方式和机组工作幅宽而定，但应为机组工作幅宽的整数倍。通常，采用梭形播法时，牵引机组地头宽度为工作幅宽的3~4倍，悬挂机组为2~3倍；采用离心或向心播法时，牵引机组为工作幅宽的2倍，悬挂机组为1~2倍。

(6) 划出机具起落基准线。为了准确、及时起落开沟器，以使地头整齐，防止重播或漏播，应在地头宽度处用专用工具或犁划出两条相距1.5 m的浅沟，也可利用拖拉机驱动轮压出印痕，作为起落基准线。

(7) 开沟要直。在第一行程线上设立标杆，保证机组起始播种的直线性。

(8) 清理田间障碍物。对于暂时不能清理的障碍物，应做好标记，以保证播种质量，防止发生意外。

2. 种子准备 对所用种子进行清洗、药剂处理和发芽率试验等，确保苗全、苗齐、苗匀、苗壮。根据粒形大小和排种器要求进行精选和分级。根据播种任务大小准备足够数量的种子，并将种子根据地块用种量或添加种子情况计重分包，按序使用。

实训 6.2　播种机组的挂接与调整

1. 播种机与拖拉机的联结　将拖拉机倒退对准机具悬挂架中间，提升下拉杆至适当高度，倒车至能与机具左右悬挂销联结为止。安装万向节传动轴，并上好插销。安装机车左右下拉杆，并上好插销。安装上拉杆，并上好插销（工作时应使前限深轮、后镇压辊着地，上拉杆插销处于播种机上拉杆条孔中间位置）。

2. 开沟器的安装与调整

(1) 开沟器个数的确定。不同作物的行距不同，通过调整开沟器的安装位置，来保证行距。一般根据农艺规定的行距和播种机上可安装开沟器横梁的有效长度，计算可安装的开沟器数目，公式为：

$$n=\frac{l}{b}+1 \tag{6-1}$$

式中：n 为可安装的开沟器数目；

l 为可安装开沟器横梁的有效长度（m）；

b 为作业要求的行距（m）。

谷物条播机 n 取整数，中耕作物播种机 n 取偶数。

（2）开沟器的安装。开沟器应对称于机组中心线配置。谷物播种机前后列开沟器应互相错开。开沟器为偶数时，中间两个开沟器可以都装前列开沟器；开沟器为奇数时，则前列在机组中心线上安装第一个开沟器，然后对称布置；当播种行数为原机设计行数一半以下时，可全部安装后列开沟器。调整行距就是调整开沟器安装的相对位置。

3. 播种深度的调节 播种深度过深、过浅或深浅不一是影响出苗和幼苗生长的一个重要因素。因此，播种作业时既要保持播深一致，又要控制开沟器的入土深度。通过对锄铲式开沟器改变其牵引铰点位置或增加配重，在双圆盘开沟器上装限深环，在滑刀式开沟器上装限深板，利用弹簧增压机构改变开沟器上的压力，调节限深轮高度等措施可达到调节播种深度的目的。调节覆土量的大小也可调整播种深度。

4. 播量的调整

（1）各行播量一致性的调整。试验前，在各排种器或导管下安装容器，在种子箱内加入种子，使排种器同时工作并同时停止，然后分别称重。试验应重复 5 次，根据称重结果可计算出播种机各行播量差值。若差值比较大时，应对各排种器进行单独调节，重新试验，直到合格为止。

（2）总播量的调整。总播量的调整分为播前调整和播后的田间校核。

① 播前调整：播前调整在机库或场院中进行，先按所选定的待播种子粒形选定排种间隙及槽轮工作长度，再将机器水平架起，使地轮悬空。在种子箱内加入种子，转动地轮使种子杯内充满种子，然后再输种管下安放盛接种子的容器，以 20～30 r/min 的转速均匀转动地轮 30 圈左右。这时各排种器排出种子的总量应该与由要求播量计算得出的排种量一致，误差一般不超过 1%～2%。超过规定值，应重新调整，直到符合要求为止。排种量 G 按下面公式计算：

$$G=\frac{QB\pi D(1+\delta)n}{666.7} \tag{6-2}$$

式中：G 为全部排种器排种总量（kg）；

Q 为播量（每 666.7 m² 千克数）；

B 为播种机工作幅宽（m）；

D 为地轮直径（m）；

δ 为地轮滑移系数（按 0.05～0.1 计算）；

n 为试验时地轮转动圈数。

② 田间校核：播种机的播量经播前调整合格后，须进行田间校核来消除实际播种过程中滑移率变化、机器振动、地形变化等造成的实际播量与室内试验的不同。校核方法如下：首先选择地块，机组在该地块以正常的工作速度行进 50～100 m，种子播后不覆土，观察各行下种量是否一致，行内种子有无断条、成撮（疙瘩苗）现象。然后将每米内种子数与计算值比较。计算公式为：

$$M=\frac{QL}{g}\times\frac{1\,000}{666.7} \tag{6-3}$$

式中：M 为每米应有种子粒数（粒）；

Q 为播量（每 666.7 m² 千克数）；

L 为行距（m）；

g 为种子千粒重（kg）。

其次，机组正常播种时，可用容器盛接排种器所排种子，行走一定距离后得到实际播种种子重量 G，然后与应播种子重量 R 比较，若实际播量与要求播量不一致，可调整播种量再做试验。应播种子重量公式为：

$$R=\frac{666.7G}{BL} \quad (6-4)$$

式中：R 为应播种子重量（每 666.7 m² 千克数）；

G 为实际播种种子重量（kg）；

B 为播种机工作幅宽（m）；

L 为行走长度（m）。

（3）精密播种的播量调整。精密播种的播量是通过调整播种的穴距和每穴种子粒数来实现的。穴粒数通过选用不同规格的排种盘来控制，穴距通过选用具有不同槽孔数的排种盘或改变传动机构的传动比 i 来调整。传动比公式为：

$$i=\frac{\pi D(1+\delta)}{tZ} \quad (6-5)$$

式中：D 为播种机地轮（或传动轮）直径（m）；

δ 为地轮滑移率（按 0.05～0.13 计算）；

t 为要求的穴距（m）；

Z 为排种盘上的型孔数。

当传动比和穴距已知时，可按上式算出排种盘槽孔数目，选择槽孔数目与计算孔数相等的排种盘。当排种盘槽孔数和穴距已知时，可根据上式求得传动比，适当选用传动的主、从动齿轮，使轮系传动比与计算所得传动比相等。

实训 6.3　播种机的使用与维护

1. 播种机组田间行走方法　播种机的田间行走方法应依地形和机组情况来确定，一般常用梭形、回形和套播等方法。播种作业时，不论采用哪种方法都要考虑如何播地头。一种方法是在播最后一个行程前，先把一侧地头播好，待最后一个行程播完后，再播另一侧地头；另一种方法是在地块两侧留出与地头等宽的地带先不播种，待地块里面播完后，再绕播地头和两侧预留部分。

2. 播种机的使用注意事项

（1）工作前要检查播种机的技术状态，传动链条张紧度应符合要求，地轮轴、排种轴等应转动灵活；各部位应连接可靠，不漏种。

（2）工作过程中，要经常观察播种机各部分的工作是否正常。特别是排种器是否排种，输种管是否堵塞，种子和肥料在种、肥箱内是否充足。如发现问题，应及时解决。

（3）播种机作业过程中不能倒退。地头转弯时必须把开沟器和划印器升起，并降低车速。

(4) 作业中应尽量避免停车。如果必须停车，再次起步时要先将开沟器升起，后退 0.5~1 m，方可重新播种。

(5) 播种机必须按上一行程所划印迹行驶，按地头线起落开沟器和划印器。

(6) 播种机行进中，禁止调整播种机上的工作机构、紧固螺栓和润滑机件。如果要清除排种器或开沟器上的杂物、泥土、杂草，应用木杆或专用工具进行，严禁用手直接清理。如果机具出现故障，应停机后再进行排除。

(7) 转移地块时，必须升起开沟器、覆土器，清空种子箱和肥料箱中的种子、肥料和杂物。

(8) 播种机在长途转移时，机上禁止站人、放置重物。

(9) 播种机组长时间停留时，要放下开沟器，使机架减轻负荷，防止机架长期受力而变形。

3. 播种机的维护

(1) 班次维护。每天工作后，应清理机器上的泥土、杂物等物，特别注意将传动系统清理干净；检查各部件是否处于良好状态，紧固各连接螺钉；向各润滑点加注润滑油。作业后及时清扫肥料箱内残存肥料，防止腐蚀机件；盖严种箱和肥料箱，必要时用苫布遮盖；落下开沟器，将机体支稳。

(2) 存放维护。作业季节结束后，清除种子箱、排种器和排肥器内的残留种子及肥料，用水将肥料箱冲净并擦干，箱内涂上防锈油。检查主要零部件的磨损情况，必要时予以更换；圆盘式开沟器应卸开进行清洗与保养后再装好；各润滑部位加注足够的润滑油；在链条、链轮等易生锈部位涂上黄油，以防锈蚀。把输种管、输肥管卸下，单独存放；将开沟器支离地面，停放在干燥通风库房内。

实训 6.4　播种质量的检查

1. 行距检查　拨开相邻两行的覆土，测量其种子幅宽中心距是否符合规定行距，其误差不大于±2.5 cm。

2. 播种深度检查　在播种区内按对角线方向选取测定点（不少于10个），拨开覆土，贴地表平放一直尺，用另一直尺测量出已播种子到地表直尺的垂直距离，并计算出多个测定点的平均值，该值与规定播种深度的误差不得大于 0.5~1 cm。

3. 穴距与每穴粒数检查　每行选三个以上测定点，每个测定点的长度应为规定穴距的3倍以上；拨开各测定点覆土，逐穴检查种子粒数并测量穴距。每穴种子粒数与规定粒数相比，±1 粒为合格，穴距与规定穴距相比±5 cm 为合格。精密播种机要求每穴一粒，穴距±0.2 cm 为合格。

4. 断条率和空穴率的检查

(1) 条播断条率的检查。条播小麦或谷子时，两粒种子间距大于 10 cm 时为断条；条播玉米、大豆、棉花等作物时，两粒种子间距大于计划株距 1.5 倍时为断条。断条率计算公式为：

$$\varepsilon = \frac{(L_1 + L_2 + \cdots + L_n) - n \times i}{L} \times 100\% \qquad (6-6)$$

式中：ε 为断条率；

　　　L 为检查总长度（cm）；

　　　L_1、L_2、…L_n 为大于计划株距 1.5 倍的空段长度（cm）；

　　　n 为断条段数；

　　　i 为玉米、大豆、棉花等作物时为 1.5（小麦、谷子为 1）。

（2）穴播空穴率的检查。穴播（含单粒点播）时两穴（粒）间的株距大于计划株距的 1.5 倍时为空一穴，大于计划株距 3 倍时为空两穴，以此类推。空穴率是指空穴与总检查穴数的百分比。

5. 种肥分施　拨开覆土至种子外露，再以横切面方向拨土找到肥料，查看种子与肥料的位置及其分隔距离。一般要求种肥在种子下方相隔 2.5 cm 左右的地方。

6. 出苗检查　出苗后，及时根据出苗情况核实播种质量，发现问题及时采取补苗或补种，保证全苗。

模块7 植保机械

【内容提要】

植保机械是喷施化学药剂的主要载体。本模块主要介绍农业生产中常用的背负式机动喷雾喷粉机和担架式机动喷雾喷粉机的基本结构、操作使用、维护保养等方面的内容。

通过本模块的学习，树立和践行绿水青山就是金山银山的理念，认识到中国式现代化是人与自然和谐共生的现代化。

【基本知识】

7.1 植保机械概述

农作物病虫草害是农业生产损失的主要因素。植物保护是确保农业丰产丰收的重要措施之一。在农业生产过程中使用植物保护机具，对防治病虫草害，确保农业丰产丰收具有十分重要的意义。

7.1.1 植保机械的分类

植保机械的种类很多，常见的有喷雾机（器）、喷粉器、烟雾器、撒粒器、诱杀器、拌种器和土壤消毒机等。

(1) 按喷施农药的类型，可分为喷雾器（机）、喷粉器（机）、烟雾机、撒粒机等。

(2) 按配套动力，可分为人力植保机具、畜力植保机具、小型动力植保机具、拖拉机悬挂或牵引式植保机具、航空植保机具等。人力驱动的施药机具一般称为喷雾器、喷粉器；动力驱动的施药机具一般称为喷雾机、喷粉机等。

(3) 按运载方式，可分为手持式、肩挂式、背负式、手提式、担架式、手推车式、拖拉机牵引式、拖拉机悬挂式及自走式等。

(4) 按施液量多少，可分为常量喷雾、低容量喷雾、超低容量喷雾等机具。

(5) 按雾化方式，可分为液力式喷雾机、风送式喷雾机、热力式喷雾机、离心式喷雾机、静电式喷雾机等。

7.1.2 植保机械的农艺技术要求

(1) 应能满足农业、园艺、林业等不同种类、不同生态以及不同自然条件下植物病虫草害的防治要求。

(2) 应能将液体、粉剂、颗粒等各种剂型的化学农药均匀地分布在施用对象所要求的部位上。

(3) 对所施用的化学农药应有较高的附着率和较少的飘移损失。
(4) 机具应有较高的生产效率和较好的使用经济性与安全性。

7.1.3 植保机械技术发展趋势

1. 发展低量喷雾技术 使用低量高效的农药,发展低量喷雾技术,开发系列低量喷头,是植保技术发展的新方向。可依据不同的作业对象、气候情况等选用相应的低量喷头,以最少的农药达到最佳防治效果。

2. 采用机电一体化技术 电子显示和控制系统已成为大中型植保机械不可缺少的部分。电子控制系统一般可以显示机组前进速度、喷杆倾斜度、喷量、压力、喷洒面积和药箱药液量等。通过面板操作,可控制、调整系统压力、单位面积喷液量及多路喷杆的喷雾作业等。系统依据机组前进速度自动调节单位时间喷洒量,依据施药对象和环境严格控制施药量与雾粒直径大小。控制系统除了可与计算机相连接外,还可配 GPS 系统,实现精准、精量施药。

3. 控制药液雾滴的漂移 在施药过程中,控制雾滴的飘移、提高药液的附着率是减少农药流失,降低对土壤和环境污染的重要措施。欧美国家在这方面采用了防飘喷头、风幕技术、静电喷雾技术及雾滴回收技术等。据美国的有关数据表明,使用静电喷雾技术可减少药液损失在 65% 以上。风幕技术于 20 世纪末在欧洲兴起,即在喷杆喷雾机的喷杆上增加风筒和风机,喷雾时,在喷头上方沿喷雾方向强制送风,形成风幕,这样不仅增大了雾滴的穿透力,而且在有风(小于四级风)的天气下工作,也不会发生雾滴飘移现象。

4. 采用自动对靶施药技术 目前国外主要有两种方法实现对靶施药,一是使用图像识别技术。该系统由摄像头、画像采集卡和计算机组成。计算机把采集的数据进行处理,并与图像库中的资料进行对比,确定对象是草还是庄稼、何种草等等,以控制系统是否喷药。二是采用叶色素光学传感器。该系统的核心部分由一个独特的叶色素光学传感器、控制电路和一个阀体组成。阀体内含有喷头和电磁阀。当传感器通过测试色素判别有草存在时,即控制喷头对准目标喷洒除草剂。主要用于果园的行间护道、沟旁和道路两侧喷洒除草剂。使用该系统,能节约用药 60%～80%。

5. 全液压驱动 在大型植保机械,尤其是自走式喷杆喷雾机上采用全液压系统,如转向、制动、行走、加压泵等都由液压驱动,不仅使整机结构简化,也使传动系统的可靠性增加。有些机具上还采用了不同于弹簧减震的液压减震悬浮系统,它可以依据负载和斜度的变化进行调整,从而保证喷杆升高和速度变化时系统保持稳定。

6. 采用农药注入和自清洗系统 这样避免或减少人员与药液的接触。目前销售的大中型喷杆喷雾机都装有农药注入系统(有的厂家是选配件),即农药不直接加到大水箱中,而是倒入专用加药箱,由精确计量泵依据设定的量抽入大水箱中混合,或利用专用药箱的刻度,计量加入的药量,用非计量泵抽入水箱中,抽尽为止,或把药放入专门的加药箱内,加水时用混药器按一定比例自动把药吸入水中和水混合,再通过液体搅拌系统把药液搅匀。

喷杆喷雾机上一般还备有两个清水箱,一个用来洗手,一个用来清洗药液箱、加药箱(药箱内装有专用清洗喷头)及机具外部(备有清洗喷枪、清洗刷和卷管器)。人体基本上不和药液接触。

7. 积极研制生物农药的喷洒装置 从长远来看,生物农药防治农作物病虫害是一种趋势。生物农药对喷头的磨损较化学农药大,同时容易下沉,与化学农药的使用特点有显著差别。为使药物能够均匀地分布在作物上,应研制新的喷洒装置。

7.2 背负式机动喷雾喷粉机

背负式机动喷雾喷粉机(以下简称背负机)是采用气流输粉、气压输液、气力喷雾原理,由汽油机驱动的机动植保机具。

背负机由于具有操纵轻便、灵活、生产效率高等特点,广泛用于较大面积的农林作物的病虫害防治工作,以及化学除草、叶面施肥、喷洒植物生长调节剂、城市卫生防疫、消灭仓储害虫及家畜体外寄生虫、喷洒颗粒等工作。它不受地理条件限制,在山区、丘陵地区及零散地块上都能使用。

7.2.1 背负式机动喷雾喷粉机的结构

背负机主要由机架总成、离心风机、配套动力、油箱、药箱总成和喷洒装置等部件组成,如图 7-1 所示。

1. 机架总成 机架总成是安装汽油机、风机、药箱等部件的基础部件。它主要包括机架、操纵机构、减振装置、背带和背垫等部件。

机架一般由钢管弯制而成。目前也有工程塑料机架,以减轻整机重量。机架的结构形式及其刚度、强度直接影响背负机整机可靠性、振动等性能指标。

2. 离心风机 风机是风送式喷雾机、喷粉机、喷粒机和多用机的主要工作部件,它的性能直接影响到喷洒质量。风机的主要作用是:

(1) 输送雾滴。

(2) 加强雾滴向植株丛中的穿透性。

(3) 雾滴在气流输送下加速飞向目标,从而减少雾滴的飘移和蒸发。

(4) 协助液体形成雾滴。

(5) 风机的气流吹动植物的叶子,有利于雾滴沉降在叶子背面。

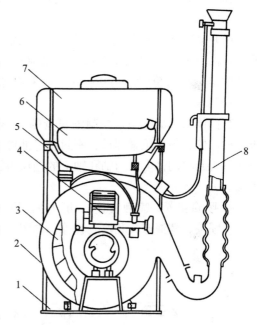

图 7-1 背负式机动喷雾喷粉机
1. 下机架 2. 离心式风机 3. 风机叶轮 4. 汽油机
5. 上机架 6. 油箱 7. 药箱 8. 喷洒部件

背负机上所使用的风机均为小型高速离心风机。气流由叶轮轴向进入风机,获得能量后的高速气流沿叶轮圆周切线方向流出。风机由机壳、叶轮及盖板等组成。

3. 药箱总成 药箱总成的功用是盛放药液(粉),并借助引进的高速气流进行输药。主要部件有药箱盖、滤网、进气管、药箱、粉门体、吹粉管、输粉管及密封件等。为了防腐,其材料主要为耐腐蚀的塑料和橡胶。

药箱的形状应有利于排净药液(粉),减少箱内的药液(粉)残留。药箱的壁厚应均匀,表面平整光滑,强度好。药箱总成各联结部分应具有良好、可靠的密封。在 10 kPa 的气压下,不得有泄漏,以保证正常输液(粉)。

背负机既可喷雾,又可喷粉,药箱只需更换少许零件就能胜任两种作业要求。下面以3WF-18型背负机药箱总成为例,如图7-2所示。按两种作业状态介绍药箱总成各零件的功用。

(1)喷雾作业时的药箱总成。药液经滤网加至药箱容积的4/5左右。作业时,由风机引风管引出的少量高速气流,进入药箱,并在药液上部形成一定的压力,迫使药液经开关流出。

药箱内气压大小直接影响喷雾量的大小。因此药箱盖处应密封可靠。药箱口应平整,无裂痕和飞边。药箱盖胶圈用发泡橡胶制成,有一定的压缩余量,保证密封可靠。滤网的作用是过滤药液中的杂质,以防堵塞开关、喷头等。

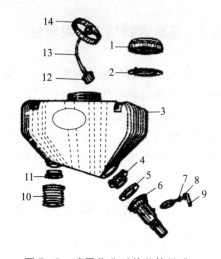

图7-2 喷雾作业时的药箱总成
1. 药箱盖 2. 密封圈 3. 药箱 4. 压紧螺圈 5、7. 密封垫 6. 封门 8. 压紧螺丝 9. 封门轴焊合 10. 上风管 11. 进气胶圈 12. 进气塞 13. 进气管 14. 过滤网

(2)喷粉作业药箱总成。药箱内加入药粉。作业时,由引风管引出的少量高速气流从吹粉管上的小孔吹出,使药箱中的药粉松散,以粉气混合状态吹向粉门体。

粉门体组件的作用是控制输粉量的大小。它由粉门操纵杆、粉门拉杆、粉门轴、挡风板、粉门体、粉门压紧螺母、密封垫等部件组成。上下拉动粉门操纵杆,带动粉门拉杆上下位移,引起粉门体上粉门轴和轴上的挡风板转动,改变粉门体处流通截面的大小,即改变输粉量。

4. 喷洒装置 喷洒装置的功用是输风、输粉流和药液。主要包括弯头、软管、直管、弯管、喷头、药液开关和输液管等,如图7-3所示。

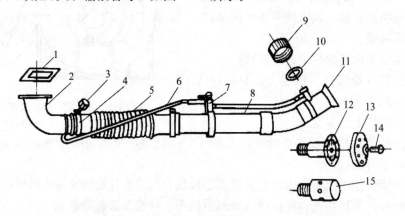

图7-3 喷洒装置
1. 橡胶垫片 2. 弯头 3. 出水塞接头 4. 卡环 5. 软管 6. 输液管 7. 手把开关 8. 喷管 9. 喷头压盖 10. 密封圈 11. 喷头体 12. 喷嘴座 13. 喷嘴盖 14. 紧固螺钉 15. 高射喷嘴

(1)弯头。弯头功用是改变风机出口气流的方向,并产生一定的负压(吸力)以利于输粉。有部分机型为不破坏风机内部完整流道,在弯头处开有引风口,引出少量高速气流进入

药箱。少数机型粉门开关也设计在弯头上。

(2) 软管。软管也称蛇形管,其功用是在作业时可任意改变喷洒方向。软管材质一般为塑料,也有橡胶制造的,以提高其抗老化性和低温作业时弯曲能力。

(3) 直管和弯管。主要是为增加整个喷管的长度。一般从弯头至喷头出口整个喷管长度应大于 1 m,以减轻作业时药液(粉)对作业人员的人身侵害。弯管另一作用是药液(粉)从喷口喷出时,出口方向略向上斜,雾流呈抛物线状,有利于雾滴落入植物中、下部。

(4) 喷头。喷头是在喷雾作业时起雾化作用,即利用高速气流将药箱输送至喷头的药液吹散成细小雾滴。喷头有弥雾喷头和超低量喷头两种。两者差别在于所产生的雾滴大小不同。

① 弥雾喷头:弥雾喷头的雾滴体积中径在 100 μm 左右。其喷嘴形式有许多种,常见的有以下两种。

a. 固定叶轮式弥雾喷嘴:在喷嘴体的外圈均匀分布着八个叶片,叶片扭曲一定的角度。在每一叶片前端有一直径为 3～4 mm 的喷孔,如图 7-4a 所示。

b. 阻流板式喷嘴:它由喷嘴座和喷嘴盖等组成,用螺钉固定在一起,如图 7-4b 所示。

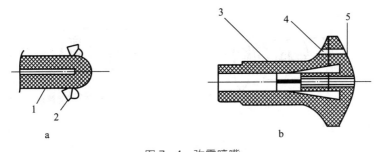

图 7-4　弥雾喷嘴
a. 固定叶轮式　b. 阻流板式
1. 喷嘴体　2. 叶片　3. 喷嘴座　4. 喷嘴盖　5. 螺钉

两种弥雾喷头,结构虽然不相同,但雾化原理基本一致。由风机出口流出的高速气流经喷管至喷头。由于喷头处截面积变小,使得流经的气流速度增加,并在喷嘴周围形成负压。药液在药箱内压力和喷嘴处的负压共同作用下,由喷孔流出,与高速气流相撞,弥散成细小的雾滴,并随风一起吹向远方。

② 超低量喷头:超低量喷头的雾滴体积中径在 70 μm 左右,如图 7-5 所示。

超低量喷头工作时,由风机产生的高速气流,从喷管流到喷头后遇到分流锥,从喷口以环状喷出,喷出的高速气流驱动叶轮,使齿盘组高速旋转,同时药液由药箱经输液管进入空心轴,从空心轴上的孔流出,进入前、后齿盘之间的缝隙。药液在高速旋转的齿盘离心力作用下,沿齿盘外缘抛出,破碎成细小的雾滴。这些小雾滴又被喷口内喷出的气流吹向远处。部分机型的喷头上有流量调节旋钮,可调节四挡流量。喷口长度也可以调整,如图 7-6 所示,以满足不同的喷洒要求。

5. 配套动力　背负机的配套动力都是结构紧凑、体积小、转速高的二冲程汽油机。目前国内背负机配套汽油机的转速 5 000～7 500 r/min,功率 1.18 kW。汽油机质量的好坏直接影响背负机使用可靠性。

6. 油箱　油箱用来存放汽油机所用的燃油,容量一般为 1 L。在油箱的进油口和出油

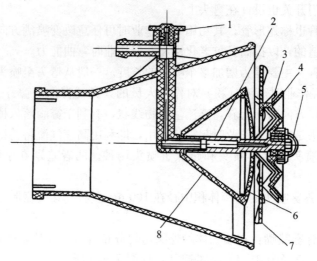

图7-5 超低量喷头
1. 流量开关 2. 喷嘴轴 3. 后齿盘 4. 前齿盘 5. 轴承压盖 6. 分流锥盖 7. 驱动叶轮 8. 分流锥

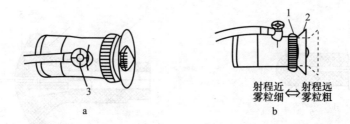

图7-6 喷头上的流量调节旋钮和喷头长度调节装置
a. 调节旋钮 b. 喷口长度调节装置
1. 压盖 2. 喷口 3. 调节旋钮

口,配置滤网,进行二级过滤,确保流入化油器主量孔的燃油清洁,无杂质。在出油口处装有一个出油开关。

7.2.2 背负式喷雾喷粉机的工作过程

背负式喷雾喷粉机是由汽油机带动离心风机高速旋转,产生高速气流,实现气流输粉、气压输液和气力雾化。由于背负机种类较多,结构略有不同,但其工作原理基本相似。下面以产量较多的3WF-18型背负机为例,介绍其工作原理。

1. 喷雾过程 离心风机与汽油机输出轴直连,汽油机带动风机叶轮旋转,产生高速气流,并在风机出口处形成一定压力,其中大部分高速气流经风机出口流经喷管,而少量气流经出风筒、进气塞、进气管、过滤网组合流进药箱内,使药箱中形成一定的气压。药液在压力的作用下,经粉门、出水塞、输液管、开关流到喷头,从喷嘴周围的小孔以一定的流量流出,先与喷嘴叶片相撞,初步雾化,再与高速气流在喷口中冲击相遇,进一步雾化,弥散成细小雾粒,并随气流吹到很远的前方,如图7-7所示。

2. 喷粉过程 和喷雾一样,汽油机带动风机叶轮旋转,大部分高速气流经风机出口流经喷管,而少量气流经出风筒进入吹粉管,然后由吹粉管上的小孔吹出,使药箱中的药粉松散,以粉气混合状态吹向粉门体。由于弯头下粉口处有负压,将粉剂吸到弯头内。这时粉剂被从风机出来的高速气流,通过喷管吹向远方,如图7-8所示。

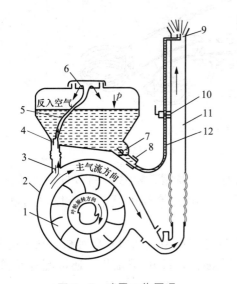
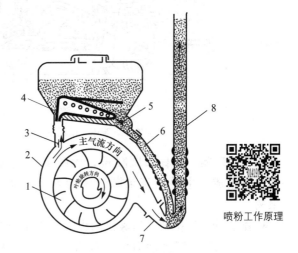

图7-7 喷雾工作原理
1. 叶轮 2. 风机外壳 3. 进风阀 4. 进气塞
5. 进气管 6. 过滤网组合 7. 粉门 8. 出水塞接头
9. 喷头 10. 开关 11. 喷管 12. 输液管

图7-8 喷粉工作原理
1. 叶轮 2. 风机壳 3. 进风阀
4. 吹粉管 5. 粉门 6. 输粉管
7. 弯头 8. 喷管

喷粉工作原理

7.3 担架式喷雾机

担架式喷雾机是工作部件装在像担架的机架上,作业时由人抬着进行转移的机动喷雾机。担架式喷雾机喷射压力高、射程远、喷量大,可以在小田块里进行作业和转移,是机动植保机械中的主要机型。

担架式喷雾机按照配用泵的种类不同,可分为担架式离心泵喷雾机和担架式往复泵喷雾机。担架式往复泵喷雾机因所配用往复泵的种类不同又可分为担架式活塞泵喷雾机、担架式柱塞泵喷雾机和担架式隔膜泵喷雾机。

7.3.1 典型担架式喷雾机的基本构造

担架式工农-36型机动喷雾机是典型的动力式喷雾机,它包括工作部件和辅助部件两部分。工作部件有液泵和喷射部件。液泵为三缸活塞泵,包括液泵主体、进水管、出水阀、压力表和截止阀等,安装在机架上。喷射部件由喷枪和胶管组成。辅助部件包括机架、混药器和滤水器等,如图7-9所示。

1. 药液泵 担架式喷雾机配置的药液泵多为往复式容积泵,其特点是压力可以按照需要在一定范围内调节变化,而液泵排出的液量基本保持不变。通常植保机械配置的往复式容积泵多为三缸泵,转速一般为600～900 r/min。

2. 喷杆 喷杆由喷头、套管滤网、开关、喷杆组合及喷雾胶管等组成。喷雾胶管一般为内径8 mm、长度30 m的高压胶管,喷头为液力双喷头或四喷头。

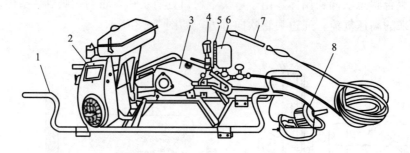

图7-9 担架式工农-36型机动喷雾机
1. 担架 2. 发动机 3. 泵体 4. 调压阀 5. 压力表 6. 空气室 7. 喷枪 8. 滤水器

3. 可调喷枪 又称果园喷枪,由喷嘴或喷头片、喷嘴帽、枪管、调节杆、螺旋芯、关闭塞等组成,主要用于果园。因为射程、喷雾角、喷幅等都可调节,所以可喷洒高大果树。

4. 配套动力 担架式喷雾机的配套动力主要为四冲程小型汽油机和柴油机,功率范围为2.2~2.9 kW,配套动力机一般为165E、168F汽油机,170E柴油机,还可配电动机。用三角皮带一级减速传动即可满足配套要求。

7.3.2 担架式喷雾机的工作原理

当动力机带动液泵工作时,水通过滤网,被吸液管吸入泵缸内,然后压入空气室,形成稳定的压力,压力读数可由压力表读出。压力水流经流量控制阀进入射流式混药器,借混药器的射流作用,将母液(即原液加少量水稀释而成)吸入混药器。压力水流与母液在混药器内自动混合均匀后,经输液软管到喷枪,做远射程喷射。喷射的高速液流与空气撞击和摩擦,形成细小的雾滴而均匀分布在植物上。当要求雾化程度好及近射程喷雾时,须卸下混药器,换装喷头,将滤网放入药箱内即可工作,如图7-10所示。

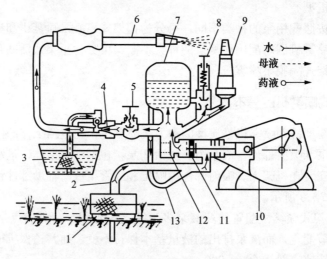

图7-10 担架式喷雾机工作原理
1. 进水滤网 2. 进水管 3. 药液桶 4. 混药器 5. 截止阀 6. 喷枪 7. 空气室
8. 调压阀 9. 压力表 10. 活塞泵 11. 活塞 12. 排水阀 13. 回水管

【基本技能】

实训 7.1　背负式机动喷雾喷粉机的使用

1. 启动发动机

（1）启动前的准备。检查各部件安装是否正确、牢固；新机器或封存的机器首先排除缸体内封存的机油；卸下火花塞，用左手拇指堵住火花塞孔，然后用启动绳拉几次，将多余油喷出；将连接高压线的火花塞与缸体外部接触，用启动绳拉动启动轮，检查火花塞的跳火情况，一般蓝火花为正常。

（2）加燃油。背负式机动喷雾喷粉机一般采用的是单缸二冲程汽油机，烧的油是混合油，即机油与汽油的混合油。按照汽油机要求的汽油与机油的混合比例、标号，依容积比例配制混合油。汽油、机油都要经沉淀过滤的清洁油。配制好的混合油，适当晃动混合均匀，再经加油口过滤网加入油箱。

（3）打开燃油阀，开启油门，将油门操纵手柄往上提 1/3～1/2 位置。

（4）抉起加油杆至出油为止。

（5）调整阻风门，关闭 2/3 左右。热机启动时可位于全开位置。

（6）拉启动绳启动，启动后将阻风门全部打开，同时调整油门，使汽油机低速运转 3～5 min。

2. 喷雾作业

（1）作业前的准备。机具应处于喷雾作业状态，先用清水试喷，检查各处有无渗漏。然后根据农艺及农药使用说明书要求比例配制药液。药液经滤网加入药箱，盖紧药箱盖。

（2）启动机具，低速运转。背机上身，调整油门开关使汽油机稳定在额定转速左右，然后开启手把开关。

（3）开关开启后，严禁停留在一处喷洒，以防引起药害；调节行进速度或流量控制开关，控制单位面积喷量。

3. 喷粉作业

（1）机具处于喷粉工作状态。关好风门和粉门。所喷粉剂应干燥，不得有杂物或结块现象。加粉后盖紧药箱盖。

（2）机具启动后低速运转，打开风门，背机上身。调整油门开关使汽油机稳定在额定转速左右，然后调整粉门操作手柄进行喷洒。

4. 田间操作方法　田间作业行走路线和喷药方向是根据风向来定的。通常从下风向开始，一般采用梭形作业法，按照规定的作业速度匀速走，以保证单位面积上的施药量。最好在无风或微风的天气作业，风速过大不能喷药。

在地头空行时，要关闭喷药开关，并使汽油机低速运转。转移地块时，应将发动机熄火；如果转移时间很短也可不熄火（一般短于 2 min），但必须先卸压，并关闭截止阀，以保持液泵内不脱水，保护液泵。

5. 停机　停止运转时，先将粉门或药液开关关闭，然后减小油门，使汽油机低速运转 3～5 min 后关闭油门，关闭燃油阀。

6. 安全操作注意事项

(1) 操作人员必须熟悉所用农药的性质，严格遵守操作规程。

(2) 农药应妥善保管，不能随意乱放；洒在田头的农药必须随时用土埋好。

(3) 喷洒剧毒农药时，操作人员应戴口罩和手套，穿长袖衣服并扎紧袖口；工作结束后要立即用肥皂洗手洗脸；工作时不允许喝水、抽烟和吃东西，以防中毒。

(4) 工作时，操作人员不要逆风操作，以免中毒；要不断摆动喷头，防止因药量过大而造成药害。弥雾药液浓度大，雾滴细，过量易造成药害，需细心观察，一般叶子轻轻摇动后，雾滴就黏附叶面了。

(5) 在使用喷雾喷粉机时，应由两人以上轮流作业，既防疲劳又可提高工作效率。

(6) 检修喷雾机药液桶时，必须先放尽桶内压缩空气，消除管路中的压力；工作时加压不应超过规定压力的两倍，以防止药液桶爆炸。

实训 7.2 背负式机动喷雾喷粉机的维护保养和故障排除

1. 班次维护 每班作业完成后，应进行如下维护：

(1) 清除药箱内剩余粉剂或药液。

(2) 清理机器表面的油污和灰尘。

(3) 用清水清洗药箱，橡胶件、汽油机切勿用水清洗。

(4) 拆除空气滤清器，用汽油清洗滤网。喷洒粉剂时，还应清洗化油器。

(5) 检查各部分螺钉是否松动、丢失，油管接头是否漏油，各结合面是否漏气，确定机具处于正常故障状态。

(6) 保养后机具应放在干燥通风处，避免发动机受潮受热导致汽油机启动困难。

2. 入库维护 除进行班次保养内容外，还应进行下列项目维护：

(1) 将喷洒部分各部件拆开清洗，用碱水清洗药箱和输液管，然后用清水洗净。

(2) 橡胶件清洗后单独存放，不要弯曲。

(3) 维护后的机器放在干燥、通风、阴凉的库房内保存。

3. 常见故障原因及排除方法 背负式机动喷雾喷粉机常见故障及排除方法见表 7-1。

表 7-1 背负式机动喷雾喷粉机常见故障及排除方法

故障现象	产生原因	排除方法
粉量前多后少	机器本身存在着前多后少缺点	开始时可用粉门开关控制喷量
粉量开始减少	1. 粉门未全开 2. 粉湿 3. 粉门堵塞 4. 进粉门未全开 5. 汽油机转速不够	1. 全部打开 2. 换用干粉 3. 清除堵塞物 4. 全打开 5. 检查汽油机
药箱跑粉	1. 药箱盖未盖正 2. 胶圈未垫正 3. 胶圈损坏	1. 重新盖正 2. 垫正胶圈 3. 更换胶圈

(续)

故障现象	产生原因	排除方法
不出粉	1. 粉过湿 2. 进气阀未开 3. 吹粉管脱落	1. 换干粉 2. 打开进气阀 3. 重新安装吹粉管
粉进入风机	1. 吹粉管脱落 2. 吹粉管与进气胶管密封不严 3. 加粉时风门未关严	1. 重新安装吹粉管 2. 封严 3. 先关好风门再加粉
叶轮组件擦机壳	1. 装配间隙不对 2. 叶轮组装变形	1. 加减垫片检调间隙 2. 调整叶轮组装
喷粉时发生静电	喷管为塑料件,喷粉时粉剂在管内高速冲刷造成静电	在两卡环之间连一根铜线即可,或用一金属链一端接在机架上,另一端与地面接触

实训 7.3　担架式喷雾机的使用

1. 安装　根据作业需要,将机具组装好,保证各部件位置正确,螺栓紧固,皮带及皮带轮运转灵活,皮带松紧适度,防护罩安装好,胶管固定好。

2. 动力机的准备　根据所用动力机,做好作业前的工作。发动机要及时检查技术状态,添加燃油、润滑油等。按照说明书规定的牌号向曲轴箱内加入润滑油至规定油位。以后每次使用前都要检查,并按规定对汽油机检查及添加润滑油。

3. 正确选用相关部件　植保对象是邻近水源的高大作物、树木等,可在截止阀前装混药器,再依次装上喷雾胶管及远程喷枪;田块较大或水源较远时,可再接长胶管 1~2 根。

对于施药量较少的作物,在截止阀前装上三通(不装混药器)、两根细喷雾胶管、喷杆及多头喷头。在药桶内吸药时吸水滤网上不要安装插杆。

4. 启动和调试

(1) 检查吸水滤网,滤网必须没入水中。

(2) 将调压阀的调压轮按逆时针方向调节到较低压力位置,再把调压柄按顺时针方向扳至卸压位置。

(3) 启动发动机,低速运转 10~15 min,若见有水喷出,并且无异常声响,可逐渐提高至额定转速。然后将调压手柄按逆时针方向扳至加压位置,并按顺时针方向逐步旋紧调压轮调高压力,使压力指示器指示到要求的工作压力。

(4) 调压时应由低向高调整压力。由低向高调整时指示的数值较准确,由高向低调整时指示的数值误差较大。可利用调压阀上的调压手柄反复扳动几次,即能指示出准确的压力。

(5) 用清水进行试喷。观察各接头处有无渗漏现象,喷雾状况是否良好,混药器有无吸力。

(6) 混药器只有在使用远程喷枪时才能配套使用。使用混药器时,要待液泵的流量正常,吸药滤网有吸力时,才能把吸药滤网放入事先稀释好的母液桶内进行工作。对于粉剂,母液的稀释倍数不能大于 1∶4,太浓了会吸不进。母液应经常搅拌,以免沉淀,最好把吸药滤网绑在一根搅拌棒上,搅拌时,吸药滤网也在母液中游动,可以减少滤网的堵塞。

5. 稀释药液　为使喷出的药液浓度符合防治要求，必须确定母液的稀释倍数。确定母液的稀释倍数多采用测算法。

根据防治对象确定喷药浓度。选择好 T 形接头的孔径，将混药器的塑料管插入接头，套好管封，再将吸药滤网和吸水滤网分别放入已知药液量（乳剂可用清水替代）的母液桶和已知水量的清水桶内，开动发动机进行试喷。经过一定时间的喷射后，停机并记下喷射时间（多少秒），然后分别称量出桶内剩余的母液量和清水量。用喷射前母液桶内存放的母液量减去剩余的母液量，得出混药器吸入的母液量。同理，可算出吸水量。把母液量和吸水量相加，除以试喷时间，得出喷枪的喷雾量（kg/s）。

新机具第一次使用和长时间未用的旧机重新使用时，都必须进行试喷和测算。工作时液泵的压力和喷雾胶管的长短都应和试喷测定时相同。

6. 田间使用操作

（1）使用中液泵不可脱水运转，以免损坏胶碗，在启动和转移机具时尤需注意。田边有水渠供水时，可将吸水滤网底部的插杆卸掉，将吸水滤网放在药桶里。

如启动后不吸水，应立即停机检查原因。吸水滤网在田间吸水时，如滤网外周吸附了杂草要及时清除。

（2）机具转移作业地点所需时间不超过 5 min 时，可不停机转移。首先降低发动机转速，怠速运转，然后把调压阀的调压手柄按顺时针方向卸压，关闭截止阀，接下来才能将吸水滤网从水中取出，这样可保持部分液体在泵体内部循环，胶碗仍能得到液体润滑。到达目的地后，立即将吸水滤网放入水源，接下来旋开截止阀，迅速将调压手柄按逆时针方向扳至升压位置，将发动机转速调至正常状态，恢复田间作业状态。

（3）喷枪喷药时不可直接对准作物喷射，以免伤害作物。喷近处时，应按下扩散片，使喷洒均匀。向上对高树喷射时，操作人员应站在树冠外，向上斜喷。喷药时要注意喷洒均匀。

（4）当喷枪停止喷射时，必须在液泵压力降低后才可关闭截止阀，以免损坏机具。

（5）喷雾操作人员应穿戴必要的防护用具，特别是掌握喷枪或喷杆的操作人员，喷洒时要注意风向，应尽可能顺风喷洒，以防止中毒。

（6）每次开机和停机前，应将调压手柄扳到卸压位置。

实训 7.4　担架式喷雾机的技术保养及维护

1. 班次技术保养

（1）每天作业结束后，应在使用压力下，用清水继续喷洒 2～5 min，清洗泵内和管路内的残留药液，防止药液残留内部腐蚀机件。

（2）卸下吸水滤网和喷雾胶管，打开出水开关。

（3）将调压阀减压手柄向逆时针方向扳回，旋松调压手轮，使调压弹簧处于自由松弛状态。再用手旋转发动机或液泵排除泵内存水，并擦洗机组外表污物。

（4）定期检查更换润滑油。遇有因膜片（隔膜泵）或油封等损坏，曲轴箱进水或药液，应及时更换或修复零件，并提前更换润滑油。更换曲轴箱内润滑油时，应用柴油将曲轴箱清洗干净后，再换入新的润滑油。

2. 换季技术保养 当防治季节工作完毕，机具长期存放时，除按要求做好班次保养外，还应做好以下几点：

（1）应认真排除泵内的积水，防止冬季冻坏机件。

（2）卸下三角皮带、喷枪、喷雾胶管、喷杆、混药器、吸水滤网等，清洗干净并晾干。能悬挂的最好悬挂起来存放。

（3）长期存放活塞隔膜泵时，应将泵腔内机油放净，加入柴油清洗干净，然后取下泵的隔膜和空气室隔膜，清洗干净后存放。

模块8　排灌机械

【内容提要】

全面建设社会主义现代化国家阶段，离不开水利现代化。发展农田水利和机电灌溉，对于战胜旱涝洪灾、促进农作物高产有十分重要的作用。

本模块主要介绍农用水泵的基本构造、选型与配套、使用和维护方法。简要介绍喷灌技术、滴灌技术和低压管道输水技术等节水技术。

通过本模块的学习，树立水利基础设施建设，是构建现代化基础设施体系的重要组成部分的意识。

【基本知识】

8.1　排灌机械概述

8.1.1　灌溉的种类

民谚"有收无收在于水，多收少收在于肥"，表明了水对作物生长发育的重要性。灌溉就是有计划地把水输送到田间，以补充田间水分的不足，促使作物高产丰产。

常见的灌溉方法有地面灌溉、喷灌、滴灌和渗灌。

1. 地面灌溉　地面灌溉是将水再通过沟、渠或管道送往田间表面，然后借助重力和毛细管作用浸润土壤的一种灌溉方法。该种方法技术简单，投资少，应用广泛，但其对水的有效利用程度较低，浪费大，对地表的平整度要求较高。

2. 喷灌　喷灌是借助专门设备将具有一定压力的水通过喷头喷向空中，呈雨滴状散落地面以浸润土壤的灌溉方法。这种方法省水、省工、有利于保持土壤团粒结构、适用范围广，但投资较高。

3. 滴灌　滴灌是将水增压后，经过滤再通过低压管道送到田间的滴头上，以点滴的方式，经常而缓慢地滴入作物根部附近，满足作物对水需求的一种先进的灌溉方法。该方法省水，利于增产，用水量也便于控制，更容易适应不平坦的地形，但投资高，滴头易堵塞。

4. 渗灌　渗灌是利用地下的专用管道，将水引入田间，借毛细管作用自下而上浸润土壤耕作层的灌溉方法。其优点是灌水质量好，省水，节省土地，便于机耕，多雨季节还可以排水，缺点是地下管道易淤塞，造价高，施工麻烦，检修困难。

8.1.2　水泵的种类和特点

水泵是一种将动力机的机械能转变为水的动能和势能，从而把水输送到高处或远处的机械。

农业上使用的水泵大多是叶片泵,它可以分为离心泵、轴流泵和混流泵三类。

1. 离心泵 离心泵的特点是流量较小而扬程较高,主要适合于山区、丘陵区使用,是工农业生产上用得最广的一种水泵。按叶轮数目分,可分为单级泵和多级泵;按叶轮进水方式分,可分为单吸泵和双吸泵。

2. 轴流泵 轴流泵的主要特点是流量大而扬程较低,适用于平原和网地区使用。按泵轴位置来分,可分为立式轴流泵、卧式轴流泵和斜式轴流泵;按叶轮结构分,可分为固定叶片式轴流泵、半调节叶片轴流泵和全调节叶片轴流泵。

3. 混流泵 混流泵是介于离心泵和轴流泵之间的一种水泵,一般适用于平原和丘陵区使用。

4. 潜水泵 潜水泵是一种由立式电动机和水泵组成的提水机械。工作时整个泵体都潜在水面下,只有出水管和电源线留在水面以上,有体积小,重量轻,便于移动,不需修建专门的泵房等优点。

5. 喷灌机 喷灌机是利用水泵将水提高压力后,通过管路输送到喷头,再喷至空中,雾化成小水滴下落来进行灌溉的一种机具。它具有省水等优点,特别适合于缺水、干旱地区使用。

8.2 离心泵

8.2.1 离心泵的构造和工作原理

1. 离心泵的构造 离心泵主要由叶轮、泵体、泵轴、密封环、填料函等组成,其结构如图 8-1 所示。

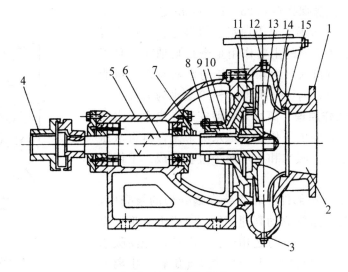

图 8-1 IS 型泵结构
1. 泵体 2. 进水口 3. 放水螺栓 4. 联轴器 5. 托架 6. 泵轴 7. 挡水圈 8. 填料压盖
9. 填料 10. 水封环 11. 后盖 12. 放气螺塞 13. 叶轮 14. 叶轮螺母和锁片 15. 检漏环

(1) 叶轮。叶轮是离心泵的核心部分,其作用是将动力机的机械能传给水,转变成水的动能和势能,是决定水泵性能好坏的关键部件。离心泵的叶轮一般由铸铁制成,用于抽清水的叶轮采用封闭式，抽含有杂质液体的叶轮采用半封闭式或敞开式。其结构如图 8-2 所示。

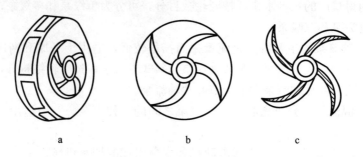

图 8-2 离心泵叶轮的种类
a. 封闭式 b. 半封闭 c. 敞开式

（2）泵体。泵体也称泵壳，是水泵的主体，一般由铸铁制成，泵体流道为蜗壳形。泵体的作用是汇集由叶轮甩出的水并导向水管，降低水流速度使部分动能转化为水的压力。

（3）泵轴。泵轴是传递动力的部件，其一端固定叶轮，另一端装有联轴器或皮带轮，与动力机相连接。

（4）密封环。密封环又称口环或减漏环，其作用是使叶轮与泵体之间保持较小间隙，以减少高压水的回流损失。叶轮进口与泵壳间的间隙过大会造成泵内高压区的水经此间隙流向低压区，影响泵的出水量，降低效率。间隙过小会造成叶轮与泵壳摩擦产生磨损。在泵壳内缘和叶轮外缘结合处加装密封环，可增加回流阻力减少内漏，延缓叶轮和泵壳的使用寿命。叶轮与泵体之间的间隙保持在 0.25~1.10 mm 之间为宜。

（5）填料函。填料函主要由填料、填料箱、填料压盖和水封环等组成。填料函的主要作用是密封泵轴穿出泵壳处的空隙，防止空气进入泵内和阻止压力水从泵内大量泄漏出来。一般从填料箱内每分钟滴 30~50 滴水为适宜。

2. 离心泵的工作原理 离心泵一般安装在离水源水面有一定高度的地方，它的工作是先把水吸上来，再将水压出去。因此它的工作由吸水和压水两个过程组成。工作原理如图 8-3 所示。

离心泵的主要工作部件叶轮安装在蜗壳形的泵壳内，工作时由动力机通过泵轴驱动高速旋转。泵壳上有进、出水口，吸水管和压水管分别与之相连。开车前，先使吸水管和泵壳内充满水。启动后，由于叶轮高速旋转产生离心力，叶轮内的水被叶片甩向四周，沿断面逐渐扩大的蜗壳槽道流动，速度下降，压力升高，压向出水管。此时，叶轮中心附近出现真空，在水源水面大气压力作用下，水源的水沿吸水管被吸入叶轮内部。叶轮连续不断地旋转，将水甩出，水源的水就源源不断地被吸入泵内，从出水管压送出去。

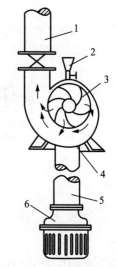

图 8-3 离心泵工作原理
1. 压水管 2. 充水漏斗 3. 叶轮 4. 泵壳 5. 吸水管 6. 底阀

8.2.2 水泵的性能

每台水泵上都有一个铭牌,上面注明水泵的性能参数。图 8-4 就是某离心泵的铭牌。

1. 扬程 扬程是指水泵能够扬水的高度,又叫水头,通常用 H 来表示,单位用 m 表示。

一般情况下,离心泵的扬程以泵轴轴线为界,水源到水泵的垂直高度叫做吸水扬程,简称吸程,用 $H_{吸}$ 表示;水泵到出水口的垂直高度叫做压水扬程,简称压程,用 $H_{压}$ 表示。即 $H = H_{吸} + H_{压}$。

水泵的扬程可以是几米、几十米甚至几百米,而吸水扬程一般在 2.5~8.5 m。

清水离心式水泵

型　号	200S-42	转　速	2950 r/min	扬　程	42 m
效　率	82%	流　量	288 m³/h	轴功率	40.2 kW
允许吸上真空高度	3.6 m				
出厂编号	10-23	质　量	219 kg		

出厂日期　　年　　月

×××水泵厂

图 8-4 离心泵的铭牌

实际当中,水泵的扬程应包括两部分:一部分是可以测量得到的扬程,也就是进水池水面到出水池水面的垂直高度,称为实际扬程,用 $H_{实}$ 表示;另一部分是水流经管路时,由于受到摩擦阻力而减少了水泵应有的扬程高度,称为损失扬程,用 $H_{损}$ 表示,即为 $H = H_{实} + H_{损}$。

在确定水泵扬程时,$H_{损}$ 必须重视,否则购买的水泵扬程会偏低,可能抽不上水来。

水泵的扬程各组成部分关系如图 8-5 所示。

水泵扬程大约为提水高度的 1.15~1.20 倍。如某水源到用水处的垂直高度 20 m,其所需扬程大约为 23~24 m。选择水泵时应使水泵铭牌上的扬程最好与所需扬程接近,一般偏差不超过 20%,这样的情况下,水泵的效率最高,也比较节能,使用会更经济。

2. 流量 水泵的流量又叫出水量,它是指水泵在单位时间内提出的水量。通常用 Q 表示,单位用 L/s 或 m³/h 表示。

3. 功率 功率是用来表示水泵机组在单位时间内所做功的大小,通常用 N 来表示。水泵的功率可分为有效功率、轴功率和配套功率三种。

(1) 有效功率 $N_{效}$。有效功率是指单位时间内

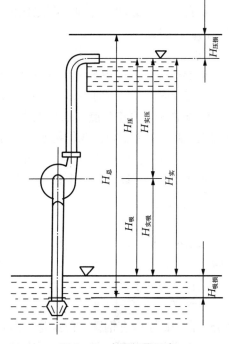

图 8-5 水泵扬程示意

从泵中输送出去的液体在泵中获得的有效能量,又叫净功率。水泵的输出功率公式为:

$$N_{效} = \gamma g Q H \tag{8-1}$$

式中：γ 为水的密度（kg/m³）；

g 为重力加速度（9.8 m/s²）；

Q 为水泵的流量（m³/s）；

H 为水泵的扬程（m）。

（2）轴功率 $N_{轴}$。轴功率是指水泵在一定流量和扬程的情况下,动力机传给水泵的功率,也叫输入功率。它的大小是有效功率和泵内损失功率之和。泵内损失功率主要包括水流在本体内摩擦、挤压、回流以及泵轴与轴承、填料等零件的摩擦消耗等。

（3）配套功率 $N_{配}$。配套功率是指与水泵配套的动力机的功率。动力机在把动力传给水泵轴时有传动损失,考虑到水泵工作中流量、扬程的波动和可能出现的超负荷等情况,需要储备一定的动力,因此配套功率比轴功率要大。

配套功率的计算公式为:

$$N_{配} = K N_{轴} / \eta_{传} \tag{8-2}$$

式中：K 为备用系数,可根据功率大小查表 8-1 确定；

$\eta_{传}$ 为传动效率,V 形带传动可取 0.95～0.98；平皮带传动可取 0.85～0.95；直接传动可取 1。

表 8-1 备用系数

水泵轴功率（kW）	<5	5～10	10～50	50～100	>100
电动机	2～1.3	1.3～1.15	1.15～1.10	1.08～1.05	1.05
内燃机		1.5～1.3	1.3～1.2	1.2～1.15	1.15

4. 效率 有效功率与轴功率之比即为效率,它是衡量水泵经济性能的重要指标,通常用 η 代表,即:

$$\eta = N_{效} / N_{轴} \tag{8-3}$$

5. 转速 转速是指水泵叶轮在每分钟内旋转的圈数,通常用 n 表示。水泵铭牌上的转速为额定转速,在使用时不得随便提高或降低,以免影响水泵的性能。

6. 允许吸上真空高度 水泵工作时进口处的真空度高到一定程度时,液体就可能在泵内汽化而使泵不能工作。我们把水泵工作时所允许的最大吸入真空高度称为"允许吸上真空高度",以液柱的高度 Hs 来表示,单位是 m。

允许吸上真空高度是一个指导水泵安装的参数。

8.2.3 水泵组

水泵组一般由水泵、动力机、管路及其附件组成,典型的离心泵管路及附件包括水管、底阀、弯头、变径管、逆止阀、闸阀、真空表、压力表等,如图 8-6 所示。小型的离心泵,尤其是移动的抽水机组,只需配其中一部分附件。

1. 水管 水管用于输水,一般包括吸水管（又叫进水管）和压水管（又叫出水管）两部分。常用的水管有钢管、铸铁管、钢筋混凝土管、塑料管和橡胶管等。

2. 弯头和变径管 弯头用来改变吸水管或压水管的水流方向,主要有 90°和 45°两种。

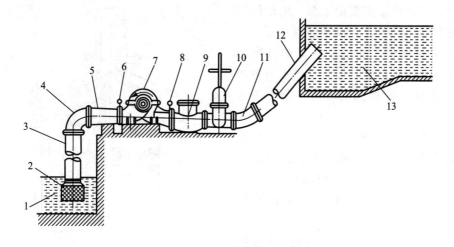

图 8-6 水泵的管路及附件
1. 底阀 2. 进水池 3. 吸水管 4. 90°弯头 5. 偏心变径管 6. 真空表 7. 水泵
8. 压力表 9. 逆止阀 10. 闸阀 11. 45°弯头 12. 出水管 13. 出水池

变径管又叫渐变管，有大小头，是一个两头直径不等的锥形短管，一般装在水泵进、出水口处，用于连接直径与泵进、出口口径不一致的水管。

变径管分同心变径管和偏心变径管两种。后者只用于进水管上，安装时偏心朝下。

3. 底阀和滤网 底阀和滤网一般装配成一体，装于进水管最下面。底阀的作用是保证水泵开车前灌引水时不漏水。工作时，在泵内吸力作用下自动打开，停车时自动关闭。底阀给进水管造成很大阻力，对于不需要灌水就能启动的水泵（如自吸泵、潜水泵等），就不需要安装底阀。滤网装于底阀下部，用以防止杂物或鱼虾等吸入水泵，而发生事故。

4. 逆止阀和拍门 逆止阀又叫止回阀，是一个单向阀门，装于水泵出水口附近。其作用是在水泵突然失去动力时，防止因压水管的水倒流时损坏水泵和底阀，多用在扬程较高、流量较大的离心泵上。

拍门又叫出水活门，也是一个单向阀，它装在压水管出口。其功用是防止水泵停车后，上水池的水倒流入下水池。拍门一般在流量大、扬程低的水泵上应用。

5. 闸阀 闸阀一般装在逆止阀后面，其主要作用是调节水泵流量，便于水泵启动和平稳停车。

8.3 潜水电泵

1. 特点 潜水电泵的特点是将水泵和立式电机组合成一体，工作时，整个机组潜入水中，只有出水管和电源线留在水面以上。其体积小，重量轻，移动灵活，适应性强，安装方便，不需修建专门的泵房，应用非常广泛。

2. 分类 潜水电泵的种类很多。按扬程可分为浅水泵和深水泵，浅水泵只有一个叶轮，深水泵有两个以上的叶轮。按密封方式可分为干式、半干式、充油式和湿式四种。农用潜水电泵多为充油式和湿式。

充油式潜水电泵主要由水泵、电动机和电动机密封装置等组成，如图8-7所示。

（1）水泵部分。水泵为立式单级离心泵，由上泵盖、下泵盖、叶轮、进水节等组成。在进水节上装有滤网，防止杂质进入水泵。

（2）电机部分。电机为鼠笼式三相异步电动机，装在水泵下部，转子轴的伸出端安装叶轮，转子转动带动叶轮工作。电机内充满绝缘油，起润滑、冷却和绝缘作用。

（3）电机密封装置。由于电机潜入水中工作，伸出壳体的转子轴与壳体之间必须严格密封，以防止水和杂质进入电机。QY型潜水电泵采用整体式机械密封装置，装在进水节和电机轴上端盖之间的密封室内。

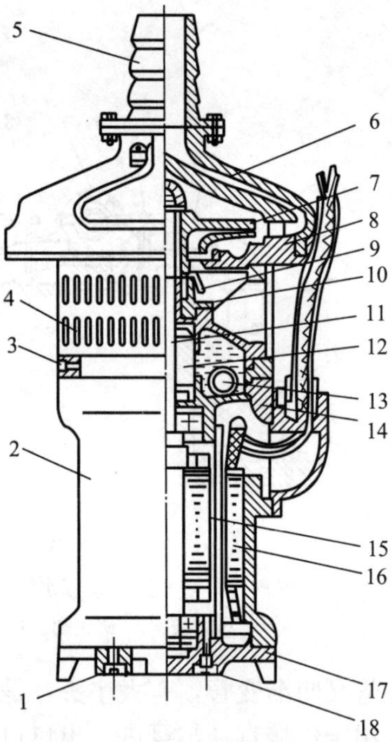

8.4 喷灌技术

8.4.1 喷灌概述

1. 喷灌的主要优点

（1）节水效果显著，水的利用率可达80%。一般情况下，喷灌与地面灌溉相比，1 m³水可以当2 m³水用。

图8-7 QY型充油式潜水电泵
1. 放气孔 2. 外壳 3. 放油孔 4. 滤网
5. 出水接头 6. 上泵盖 7. 叶轮 8. 下泵盖
9. 甩水器 10. 导轴承座 11. 轴 12. 整体式密封盒
13. 扩张件 14. 电动机上盖 15. 电动机转子
16. 电动机定子 17. 电动机下盖 18. 放水孔

（2）作物增产幅度大，一般可达20%~40%。其原因是取消了农渠、毛渠、田间灌水沟及畦埂，增加了15%~20%的播种面积；灌水均匀，土壤不板结，有利于抢季节、保全苗；改善了田间小气候和农业生态环境。

（3）大大减少了田间渠系建设及管理维护和平整土地等的工作量。

（4）减少了农民用于灌水的费用和劳动力投入，增加了农民收入。

（5）有利于加快实现农业机械化、产业化、现代化。

（6）避免由于过量灌溉造成的土壤次生盐碱化。

2. 喷灌的缺点 设备投资较大，对水源要求严格（泥沙含量较多易造成设备堵塞和磨损）；射程和喷射均匀度受风的影响较大，土壤深层湿润不足等。

3. 农业对喷灌作业的主要技术要求 喷灌强度应小于土壤的渗水速度，以免地面积水或流失，造成土壤板结或冲刷；喷灌的水滴对农作物或土壤的打击强度要小，以免损坏作物或使作物倒伏；喷灌水量的分布要均匀，使全部作物都能得到足够的水量。

4. 喷灌系统的组成 喷灌系统主要由供水部分、输水管路和喷头组成。供水部分一般包括水源、水泵和动力机；输水管路包括干管、支管、立管以及闸阀和快速接头等；喷头用来将压力水雾化成细小的水滴喷施出去。

8.4.2 喷灌机的种类

喷灌系统按各组成部分的可移动程度不同，分为固定式、半固定式和移动式。

1. 固定式喷灌系统 固定式喷灌系统除喷头根据不同作物和生长季节更换外，其余设备长年固定不动。动力机和水泵固定在机房，干、支管埋在地下，竖管伸出地面，顶端安装喷头，如图8-8所示。这种喷灌系统的优点是操作方便，生产率高，占地少，在喷水的同时结合施肥、喷施农药，综合利用率高；缺点是一套设备只能在一块地上使用，需要大量管材，一次性投资大，竖管妨碍农田作业，维修困难。一般应用于需要经常灌溉的田地，如苗圃、菜园、温室等。

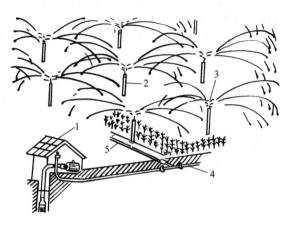

图8-8 固定式喷灌系统
1. 泵站 2. 竖管 3. 喷头 4. 干管 5. 支管

2. 半固定式喷灌系统 半固定式喷灌系统的动力机、水泵和干管固定不动，支管和喷头可以移动。与固定式喷灌系统相比投资较少，但喷完一个区后，在泥泞地面移动支管比较困难，劳动强度大。为解决这个问题，采用自走式移管装置，如绞盘牵引式喷灌机、时针式喷灌机、平移自走式喷灌机等。下面简单介绍这几种喷灌机的工作过程。

（1）绞盘牵引式喷灌机。绞盘牵引式喷灌机是用软管供水，以绞盘牵引方式前进，使用远射程喷头的一种喷灌机。

这种喷灌机有绞盘钢索牵引式和绞盘软管牵引式两类。前者通过绞盘绞卷其一头固定于对面地头的钢索，以驱动喷头车前进；后者则用绞盘绞卷耐压、耐拉、耐磨、耐扎的供水软管，来牵引喷头车前进。

这种喷灌机（以绞盘软管牵引式为例）工作时，先用拖拉机将装有动力机（一般为水力驱动）和绞盘的绞盘车牵引到地头固定好，再将带有远射程喷头的喷头车牵引到地块的另一头，在喷头车被向另一头拖行的过程中，绞盘车上的软管逐渐被放出来，铺在地上。一切准备好后，接通水源，绞盘便在水力驱动装置带动下缓慢转动，收卷软管，这样，喷头车一边前进，一边进行喷洒作用。当软管被卷完毕，喷头即自行停止喷洒。重复上述步骤，开始新的行程。

这种喷灌机大多只有一个喷头，喷头射程一般为30～90 m，绞盘车上一般带有直径50～130 mm、长200～400 m的软管，每次行程可喷数公顷。这种喷灌机的设备较简单，投资较省，适应地形和超越障碍的能力也较强。其缺点是容易受风影响，水量分布不够均匀。

（2）时针式喷灌机。时针式喷灌机又叫中心支轴式喷灌机或圆形喷灌机。其水源设在地块中心。工作时，输水管路（上设有许多旋转的喷头）像钟表的时针似的，绕位于地块中心的支轴旋转，以输水管路为半径做圆形喷灌。

这种喷灌机的输水管路可长达数百米，由多个塔架支撑或悬吊。塔架下设有轮子或其他运动部件,由电力或水力驱动,各绕支轴做同心圆运动。由于设有一套同步机构,整个输水管路在绕支轴旋转时,可基本保持一条直线。

时针式喷灌机的特点是自动化程度高。当机组安装调试好后,即可自动昼夜喷灌,一人可同时管理多套这种设备。同时,它的适应性也比较强,起伏不平的地面和坡度小于25°~30°的丘陵地区均可使用。其输水管路离地间隙高2~3 m,可用于灌溉玉米等高秆作物。由于采用多个中压喷头,射程较近,受风影响小,水量分布较均匀。

(3) 平移式喷灌系统。平移式喷灌系统的支管支撑在自走式塔架上或行走轮上,作业时动力机带动各行走轮同步滚动,支管在田间做横向平移,由垂直于支管的干管上的给水栓供水,行走一段距离后,就更换一个给水栓供水,喷洒面积为矩形,适用于长方形地块的喷灌。

3. 移动式喷灌系统 移动式喷灌系统仅在田间布置适当的供水点和水渠,其动力机、水泵(多为自吸式离心泵)、喷头和输水管路组成一个整体,可以移动作业如图8-9所示。移动方式可以人工搬动,也可以将其装在拖拉机上。作业时,拖拉机沿水渠移动,边吸水边喷洒。其特点是机动灵活,使用方便,投资少,但路渠占地较多。

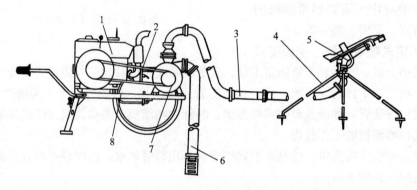

图8-9 带管道的移动式喷灌机组

1. 柴油机 2. 传动皮带 3. 输水管 4. 支架 5. 喷头 6. 吸水管 7. 水泵 8. 车架

8.4.3 喷头

喷头是喷灌系统最重要的组成部分,它将压力水喷射到空中,散成细小水滴,均匀地撒布到田间。其结构形式、性能特点和布置方式影响喷灌质量。

喷头的种类很多,按压力和射程不同可分为低压喷头(其工作压力为10~30 N/cm²,射程为5~10 m)、中压喷头(其工作压力为30~50 N/cm²,射程为20~45 m)和高压喷头(其工作压力大于50 N/cm²,射程大于45 m)。按其射出水流的形式可分为固定散水式和旋转射流式。

(1) 固定散水式喷头。在喷灌过程中,喷头的所有部件都固定不动,而水流呈全圆或扇形向四周喷洒。其射出水流分散,射程较小,水量分布也不够均匀,但结构简单,工作可靠。因此,在菜地、温室以及悬臂式喷灌机组上应用较多。按其结构不同可分为折射式和缝隙式两种。

(2) 旋转射流式喷头。在喷灌过程中,喷头由旋转机构驱动缓慢转动,使水滴均匀地喷洒在田间，形成一个半径等于射程的圆形或扇形灌溉面积。这种喷头喷出的水舌集中，射程远，是中、高压喷头的基本形式。按其旋转机构不同，可分为摇臂式、反作用式等多种形式。

喷头的工作性能，通常用工作压力、喷水量、射程、喷灌强度、喷灌均匀度、雾化程度和转动周期等来表示。

8.4.4 喷灌系统使用

1. 管、渠的布置 在固定式和半固定式喷灌系统中，应尽可能使水源位于田块中央，以缩短管路，节省投资和减少水力损失。采用移动式喷灌机组作业时，工作渠道应尽量顺风向并与耕作方向一致，以保证顺风向喷灌（逆风推行），保持机组行走路线干燥和不妨碍机械化作业。若喷灌地块有坡度，应尽量沿坡度埋设主管路，沿等高线埋设支管，以保证各喷头的喷水量一致。

2. 喷头的喷洒方式 在固定式和半固定式喷灌系统中，应尽量采用圆形喷洒，以减少能量消耗和使操作简便；对移动式机组，应尽量采用扇形喷洒，以便给机器留出干燥的行走道路。在风大时采用顺风向扇形喷洒，以减少逆风对射程的影响；在地边地角也应采用扇形喷灌，以免水、肥、农药等喷出界外。

3. 喷灌系统使用管理要点
（1）根据作物种植情况和生长规律，确定喷灌周期。
（2）在喷灌时，应根据土质、土壤含水量和作物需水情况，更换喷嘴，调整喷头转速，确定喷灌时间。
（3）在多风地区，应根据风向、风速确定喷头组合形式，改变操作方法，以保证喷灌均匀度，当风力达到 3 级时，不宜喷灌。
（4）喷灌前应对系统各部分进行全面检查，保证所有工作部件齐全，技术状态良好，并进行试运转。
（5）作业结束后，再次做全面检查，修复和更换损坏的零件，涂油防锈，妥善保管。

8.5 滴灌技术

滴灌是通过滴灌设备在低压下经常地、缓慢地向土壤提供经过过滤的水、肥料的灌溉技术。它没有沟渠流水和喷头，低压水从滴头滴出后，靠重力和毛细管作用进入作物根系附近的土壤，形成葱头状湿润区，使之保持最佳含水状态。它是目前干旱缺水地区最有效的一种节水灌溉方式，其水的利用率可达 95%。滴灌较喷灌具有更高的节水增产效果，同时可以结合施肥，提高肥效一倍以上。可适用于果树、蔬菜、经济作物以及温室大棚灌溉，在干旱缺水的地方也可用于大田作物灌溉。其缺点是滴头容易堵塞、灌溉水中的盐分积累在作物根系土壤附近影响作物生长、成本高等。

滴灌可分为地表滴灌、地下滴灌和微喷灌。地表滴灌是通过末级管道（称为毛管）上的灌水器，即滴头，将压力水以间断或连续的水流形式灌到作物根区附近土壤表面的灌水形式；地下滴灌是将水直接施到地表下的作物根区，其流量与地表滴灌相接近，可有效减少地表蒸发，是目前最为节水的一种灌水形式。微喷灌是利用直接安装在毛管上，或与毛管连接的灌水器，即微喷头，将压力水以喷洒状的形式喷洒在作物根区附近的土壤表面的一种灌水形式，简称微喷。微喷灌还具有提高空气湿度，调节田间小气候的作用。

1. 滴灌系统的组成　滴灌系统由水源工程、首部枢纽、输配水管网和灌水器四部分组成，如图8-10所示。

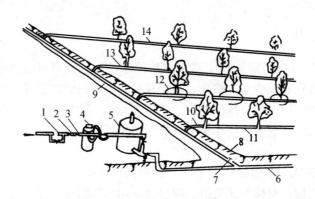

图8-10　滴灌系统
1. 逆止阀　2、7. 闸阀　3. 压力调节器　4. 化肥罐　5. 过滤器　6. 干管　8. 压力控制阀
9. 支管　10. 毛管　11. 滴头　12. 绕树毛管　13. 多出水口滴头　14. 多孔毛管

（1）水源。江河、渠道、湖泊、水库、井、泉等均可作为微灌水源，但其水质需符合微灌要求。

（2）首部枢纽。包括水泵、动力机、肥料和化学药品注入设备、过滤设备、控制器、控制阀、进排气阀、压力流量量测仪表等。

（3）输配水管网。输配水管网的作用是将首部枢纽处理过的水按照要求输送分配到每个灌水单元和灌水器，输配水管网包括干、支管和毛管三级管道。毛管是微灌系统的最末一级管道，其上安装或连接灌水器。

（4）灌水器。灌水器是直接施水的设备，其作用是消减压力，将水流变为水滴或细流或喷洒状施入土壤。常用的灌水器是滴头。

2. 主要设备

（1）滴头。滴头为塑料制品，其功用是使压力水经过毛管流入滴头后能量减少，并以稳定、均匀的速度滴入土壤，滴量一般为7～15 L/h。滴头的形式主要有长流道滴头、孔眼式滴头、多孔毛管等，我国用的较多的是微管长流道绕线式滴头如图8-11和图8-12所示。此滴头用内径为0.95 mm的细塑料管插在毛管上，并根据离水源压力远近以不同圈数缠绕在毛管上制成，滴灌时，可通过改变缠绕的圈数来调节水压，控制其滴水速度。

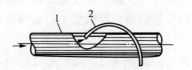　　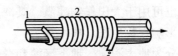

图8-11　微孔管滴头　　　　　　　图8-12　预制螺旋管式微孔管滴头
1. 毛管　2. 微孔管　　　　　　　　　1. 毛管　2. 微孔管

（2）过滤器。过滤器与滴灌系统能否正常运行有密切关系，用它来除去水中各种悬浮物

和沉淀物,常用的有砂砾过滤器、网筛过滤器和离心式过滤器。

3. 滴灌系统使用与管理

(1) 滴灌系统的布置。水源应尽可能设在系统的中央,以缩短输水距离,扩大灌溉面积和节省投资。

干、子、毛三级管路的布置。在平地,毛管应顺耕作方向并垂直于支管做对称布置,支管应垂直于干管。在坡地,干、支顺接沿坡向下布置,毛管沿坡度等高线布置。

(2) 滴头流量和间距的选择。同一滴灌系统应尽量选择相同型号的滴头,滴头流量和间距应根据滴灌对象而定。对果树,一般滴头流量为2~4 L/h,并采用4~6个滴头围绕若干树干均匀分布。对大田作物,滴头流量为2~4 L/h,间距为0.4~0.6 m。对蔬菜,滴头流量为0.5~2 L/h,间距视蔬菜种类而定。

(3) 滴头堵塞的预防和清除。滴头堵塞包括化学沉淀堵塞和有机物堵塞。化学沉淀堵塞主要是铁的化合物、硫酸钙、磷酸盐等不易溶于水的物质,在水流温度、流速等变化时,沉淀在管路和滴头中造成。有机质堵塞主要是胶体有机质、微生物的孢子和单细胞等不易被过滤排除的有机物,在水流速度减慢、含气量减少和温度适当时,集结在管路和滴头中繁殖造成的。

为防止滴头堵塞,首先应采取有效的沉淀和过滤措施,对铺设在地面的管路可采用掺炭黑的聚乙烯半软管,使其不透光,以防止藻类孳生。对已经堵塞的滴头,可采用压力疏通法及酸液清洗法加以清除。

(4) 作业结束后,应及时清洗管路及滴头,更换损坏的零件,对铺设在地表的管路应拆除,妥善保管。

8.6 低压管道输水技术

管道输水是利用管道将水直接送到田间灌溉,以减少水在明渠输送过程中的渗漏和蒸发损失。发达国家的灌溉已大量采用管道输水。目前我国北方井灌区的管道输水推广应用也较快。常用的管材有混凝土管、塑料硬(软)管及金属管等。管道输水与渠道输水相比,具有输水迅速、节水、省地、增产等优点,其水的利用系数可提高到0.95、节电20%~30%、省地2%~3%、增产幅度10%。目前,如采用低压塑料管道输水,不计水源工程建设投资,每666.7 m^2 投资为100~150元。

在有条件的地方应结合实际积极发展管道输水。但是,管道输水仅仅减少了输水过程中的水量损失,而要真正做到高效用水,还应配套喷、滴灌等田间节水措施。目前尚无力配套喷、滴灌设备的地方,对管道布设及管材承压能力等应考虑今后发展喷、滴灌的要求,以避免造成浪费。

我国目前应用较广的是低压管道输水技术。灌溉时,通过低压力(工作压力一般在0.02~0.2 MPa)的管路系统,将灌溉水输入田间的给水栓,由给水栓配水流出地面,进入畦田,以满足农作物需要。由于用地下管道系统取代水渠灌水,故被群众称为田间自来水。

1. 低压管道输水系统　低压管道输水系统由水源、水泵、压力池、分水池、给水栓、放水口及输水管道等组成。

2. 管道输水系统主要设施　主要设施由压力池、分水池和放水口组成。

(1) 压力池。压力池位于水源附近，与农田有一定的落差高度，水源的水通过水泵供给压力池，池底部与干管相接。

(2) 分水池。压力池的水通过干管输送给分水池，然后通过支管分配给各放水口。

(3) 放水口。由支管送来的水进到放水口，通过设在放水口的给水栓配水流出地面，进入畦田灌溉。

【基本技能】

实训 8.1　水泵的选型配套

1. 设计流量和设计扬程的确定

(1) 设计流量的确定。泵站设计流量可用下式确定：

$$Q = \frac{\sum mA}{Tt\eta} \qquad (8-4)$$

式中：Q 为灌溉设计流量（m^3/h）；

　　　m 为用水高峰时期不同作物的灌水定额（m^3/hm^2）；

　　　A 为作物的种植面积（hm^2），应按水稻田、旱作田分别统计；

　　　T 为轮灌天数（d），即农田灌溉一次所延续天数，仍以用水高峰期为准；

　　　t 为每昼夜开机小时数（h/d），通常柴油机可工作 20 h/d，电动机可工作 22 h/d；

　　　η 为渠系有效利用系数，一般为 60%～90%，渠道截面积大、输水远、沙壤土及旱作区取较小的值，反之则取较大的值。

所谓用水高峰，是指干旱无雨又急需大量用水的时期，如水稻泡田插秧期。灌水定额可根据当地具体情况如土质、地下水位的深浅等，用调查或查阅当地有关资料的方法确定。

例：某一灌区有水田 50 hm^2，旱田 10 hm^2，均种植水稻。根据调查，当地的插秧期泡田的灌水定额：水田为 750 m^3/hm^2，旱田为 1 000 m^3/hm^2，渠系有效利用系数为 80%。计划 10 d 轮灌一次，每天工作 20 h，试求该提灌站的设计流量。

解：$Q = \dfrac{\sum mA}{Tt\eta} = \dfrac{750 \times 50 + 1\,000 \times 10}{10 \times 20 \times 0.8} = 297(m^3/h)$

答：该提灌站的设计流量为 297（m^3/h）。

(2) 设计扬程的确定。泵站的设计扬程即水泵所需扬程。它包括实际扬程和损失扬程两部分，即 $H = H_实 + H_损$。

实际扬程可在选定了抽水站的地址后实地测得。其中，出水池的水位应尽可能控制灌区的全部农田，而进水池的水位通常以作物生长期内河（湖）水的平均水位为依据。另外，还必须了解最枯水位和可能出现的最高洪水位，以确定机房的结构形式和电动机的安装高度等。

损失扬程与水管直径有关。通常先根据设计流量参考"水泵性能表"，确定水泵口径；再根据地形确定输水管长度，根据实际扬程流量拟定水泵附件，然后根据水管的口径、长度，以及拟用的附件等已知数计算损失扬程。对于管较短、附件较少的小型排灌机组，可按实际扬程的 15%～25% 估算损失扬程。

2. 选择水泵　可使用水泵性能规格表选泵型。水泵厂在产品目录中都提供了这种表格，表中每一个型号的性能都有三行数据,一般设计流量和设计扬程应与性能表列出的中间一行的数值相一致,或是相接近,而又必须落在上、下两行的范围内,因为这个范围是水泵运转的高效率区域,这个型号的水泵就认为是符合实际需要的水泵。

3. 选择动力机 水泵与动力机的配套,包括确定动力机的类型、功率和转速。

目前,水泵的动力机主要有柴油机和电动机。选择动力机时,可根据具体情况来决定。有电源的地方,尽可能采用电动机;对于小型排灌站或经常流动的临时性排灌机组,柴油机较为适用。

水泵的转速对水泵的性能有较大的影响,在选择动力机时,必须使其转速与水泵相适应。通常电动机直接驱动水泵,其转速与水泵转速一致;柴油机用皮带传动,考虑传动比。

实训 8.2 水泵的安装和使用维护

1. 水泵的安装 水泵的安装位置应尽量靠近水源,以减少安装高度,保证在枯水位时吸水扬程不超过规定值,避免产生气蚀现象。

(1)安装水泵的地基要牢固,长期固定的水泵,应浇筑混凝土基础,对临时安装的机组,应将水泵和动力机安装在同一底座上,并将底座周围打上木桩固定。

(2)水泵进、出水管应牢固支撑,不得压在水泵上。应尽量缩短管路长度,减少弯头、接头等,各接头处严格密封,以减少扬程损失和漏气。

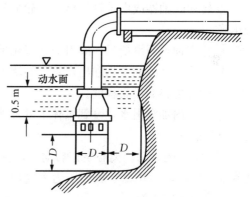

图 8-13 底阀安装示意

(3)带底阀的进水管最后垂直安装,底阀淹没在水下不少于 0.5 m。到池底、池边的距离应大于或等于底阀直径如图 8-13 所示。若受地形限制,进水管必须倾斜安装时,与水面的夹角必须大于 45°。

(4)弯管不能直接与水泵进口相连,中间应安装长度约为水泵进口直径 3 倍的直管,如图 8-14 所示,以防止泵进口水流紊乱;偏心变径管的偏心应在下方,如图 8-15 所示,以免管内积聚空气影响吸水。

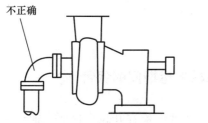 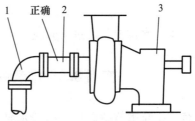

图 8-14 进水管安装示意
1. 弯头 2. 直管段 3. 水泵

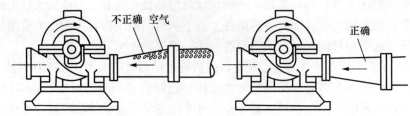

图 8-15 偏心变径管的安装

(5) 采用联轴器直接传动时，应保证联轴同心，连接盘之间保持 2~5 mm 的间隙；采用皮带传动时，应保证主、被动轴平行，不得倾斜，皮带紧边在下，紧度适当。

2. 水泵的使用

(1) 水泵启动前的准备。水泵在启动前，特别是新安装或很久没有使用的水泵，在启动前必须做好以下准备工作：

① 检查地脚螺钉和各部件连接螺栓有无松动。

② 转动联轴器或皮带轮，检查叶轮旋转是否灵活，泵内有无不正常声音，判断转向是否正确。

③ 检查轴承润滑情况，润滑油是否充足干净。

④ 清除进水池的杂物和出水管口的堵塞物。

⑤ 检查填料的松紧程度。

⑥ 向泵内加灌引水，直到泵体上的放水塞冒水为止。附设有真空泵抽气装置的，则开动真空泵抽气。

(2) 水泵的启动。离心泵在启动前，应先关闭出水管上的闸阀。动力机启动后，待转速达到额定值时，旋开真空表和压力表阀门，观察其读数，如无异常情况，即可慢慢打开闸阀，水泵即正式工作。

(3) 水泵运行时的注意事项。

① 经常注意各仪表读数。电流表读数的大小可反映水泵的轴功率大小。真空表和压力表每隔 1 h 左右，旋开阀门观察记录一次。当真空表读数上升时，可能是进水口堵塞或水源水位下降，真空表读数下降则可能是转速下降。

② 经常倾听机组声音，观察出水情况，触摸机组温度（无仪表时更应如此），如有不正常现象，应及时检查和排除。

③ 注意密封部分的漏水情况，以能连续滴水为宜，不漏水或漏水太多，应进行检查调整。

④ 注意进水池水位变化，过低时应停车。

实训 8.3 排灌机械停运期间的保管

1. 离心泵 排灌季节结束后，拆开水泵并清洗、检查叶轮、口环、轴承等零部件，损坏、变形或磨损严重的零件要及时修理或更换，仍可继续使用的轴承，要用汽油洗干净，涂上润滑脂，重新装好；底阀、弯管等铸件除锈后涂上润滑脂；把整机包装好，放在干燥处保管。注意：①水泵用耐水怕高温的钙基润滑脂润滑，电动机用耐高温遇水易乳化成泡沫流散的钠基润滑脂润滑。②拆装水泵要用合适的扳手（不要用手钳），用力勿过猛，以免丝扣或螺帽滑扣，涂些油料在螺丝上防锈。

2. 深井泵 若暂时不用，每隔 10 d 启动运行 20 min 左右，以防电机、启动器或 Y‑D 开关及水泵锈死；若较长时间停用，应把水泵从井中提出，认真保养维修后妥善保管。

3. 电动机 若短期停用，要做好防湿、防雨、防晒、防尘工作。若长期停放，应彻底清理外壳的杂物；拆开机件，细心清理壳体内腔、转子、滑环上的污泥或锈斑；看绕组是否脱焊，电刷是否锈蚀卡死在电刷架中，电刷的压力是否正常、与滑环表面是否贴紧，定子与转子的间隙是否均匀；绕组如受潮可用白炽灯烘干，也可风干，但不可用电流加热或明火烘烤，烘干后须用万用表检查绕组的绝缘性能；有磨损超限或损坏、变形的零件要更换或修理，整机完全恢复技术状态后再入室保管。

4. 柴油机 先仔细清洗外部的油污等杂质，放净冷却水、润滑油；参照说明书，对整机做一次全面彻底的保养，使之处于最良好的技术状态，存放在通风干燥的室内；在停放期间，每月向汽缸内注射少量新鲜机油，摇转曲轴十余下，以让机油均匀地分布到发动机的各个润滑点。

模块9　收获机械

【内容提要】

收获是农业生产过程中的一个重要环节，对作物的产量和质量有很大的影响。作物收获具有季节性强、时间紧、任务重的特点，易遭雷、风、霜的侵害而造成损失。因此，实现作物收获机械化是提高劳动生产率，减轻劳动强度，降低收获损失，确保丰产丰收的重要措施。

本模块重点介绍作物收获的方法要求及收获机械的分类，谷物联合收获机、玉米联合收获机的基本结构、工作过程及使用方法。

通过本模块的学习，树立节约意识，认识到中国式现代化是全体人民共同富裕的现代化。

【基本知识】

9.1　作物收获概述

9.1.1　作物收获方法

根据不同的自然条件、栽培制度、经济和技术水平，机械化作物收获采用分段收获和联合收获的方法。

1. 分段收获法　采用多种机械分别完成割、捆、堆垛、脱粒和清选作业的方法，称为分段收获法。这种方法使用机器结构简单，造价较低，保养维护方便，但整个收获过程还需大量人力配合，劳动生产率低，而且收获损失也较高。

2. 两段收获法　两段收获是分段收获的一种，先用割晒机将作物割倒，并成带状铺放在高度为 15~20 cm 的割茬上。经过 3~5 d 晾晒，作物完成后熟和风干后，用装有拾禾器的联合收获机进行拣拾、脱粒、分离和清选作业。

3. 联合收获法　联合收获法是使用谷物联合收获机在田间一次性完成切割、脱粒、分离和清选等全部作业的收获方法。这种方法提高了生产效率，减轻了劳动强度，争抢农时，降低收获损失。但联合收获机的结构复杂，造价较高，每年使用时间短，收获成本较高，同时要求有较大的田块和较高的管理与使用水平。

9.1.2　收获作业的一般要求

作物种植广泛，种类繁多，而且各地区自然条件差异很大，栽培习惯也有区别，所以作物收获的作业要求也不一样。一般性要求如下：

1. 适时收获，尽量减少收获损失　适时收获对于减少收获损失和保持收获果实的良好品质作用很大。为防止自然落粒和收割时的振落损失，要在作物的最佳收获期内完成收获。

2. 保证收获质量　在收获过程中，除了减少谷粒损失外，还要尽量减少机械损伤，以免降低发芽率及影响储存。所收获的谷粒应具有较高的清洁率。割茬高度要满足下茬作物作业与秸秆等利用方式的需要。两段收获法，割茬不宜过低，保持茬高15～25 cm，以利于晾晒。

3. 禾条铺放整齐、秸秆集堆或粉碎　割下的作物为了便于集束打捆，必须横向铺放，按茎基部排列整齐，穗头朝向一边；使用割晒机时，谷穗和茎基部互相搭接成连续的禾条，铺放在禾茬上，以便于通风晾晒及后熟，防止积水与霉变。拣拾和直接收获时，秸秆一般应进行粉碎直接还田。

9.1.3　收获机械的分类

1. 按照收获作业方法分类　按照收获作业方法的不同，收获机械可分为割晒机、脱粒机、清选（分级）机等。

2. 按动力提供方式分类

（1）牵引式。牵引式联合收获机造价低，拖拉机可以充分利用。但它工作时由拖拉机牵引，机组较长，机动性较差，不能自行开道，应用逐渐减少。

（2）自走式。自走式联合收获机使收割、脱粒（剥皮等）、集粮、动力、行走集于一身，机动性好，能自行开道和进行选择性收割，应用日益广泛。

（3）悬挂式。悬挂式是将联合收获机或分段收获机，以悬挂形式挂接在拖拉机上，具有自走式的优点，而且造价低。但机器总体配置不尽合理，作业速度调整难以满足需要，安装拆卸麻烦费事，整体性差。

3. 按主要收获作物分类　常见的有麦类收获机械、玉米收获机械、薯类收获机械、棉花收获机械、花生收获机械、牧草收获机械和青饲作物收获机械等。

4. 按收割台形式分类　按收割台形式不同分立式割台和卧式割台。

5. 按喂入形式分类　按喂入形式不同分全部喂入和部分喂入。

9.1.4　联合收获机的特点

联合收获机是将收割、剥皮、脱粒、分离茎秆、清选谷粒、集中卸粮和秸秆粉碎还田等工作集中在一起来完成。其特点如下：

1. 生产率高　以东风-5自走式谷物联合收获机为例，如果配合运粮车，2～4人工作，一天可收获3 000～4 500 kg/hm^{2}的小麦13 hm^2，相当于400～500个劳动力的人工作业量。

2. 谷物损失小　一般联合收获机收小麦正常工作时的总损失小于1.5%，而分段收获因每项作业都有损失，其损失相对要高一些。

3. 省时省力　联合收获机一次完成多项作业，为适时收获和抢种下茬作物争取了时间，替代了大量人力。

4. 减少进地次数，减少油物料消耗　机器一次进地完成切割、脱粒（剥皮）、秸秆处理等多项作业，减少机器多次进地作业对土地的压实，也减少了油料的消耗。

但是，联合收获机也存在一定的问题。机器构造复杂，一次性购置投入大。机器作业利用时间短，驾驶操作要求相对较高。

9.2 稻麦联合收获机械

9.2.1 稻麦联合收获机的基本构造

稻麦联合收获机可一次完成收获、脱粒、分离和清选作业，按动力配置形成主要分为自走式、牵引式和悬挂式，目前国内联合收获机以自走式为主。

1. 自走式全喂入联合收获机 自走式全喂入联合收获机主要由收割台、脱谷部分、发动机、行走部分、卸粮台、驾驶台等部分组成，如图9-1所示，其特点是结构紧凑，运转方便，操作灵活，适应中小规模的地块。

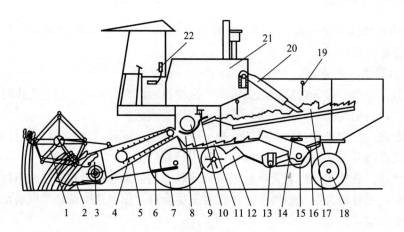

图9-1 北京4LZ-2.5型联合收获机

1.拨禾轮 2.切割器 3.割台输送器 4.倾斜输送链耙 5.过桥 6.割台升降油缸 7.驱动轮 8.凹板 9.滚筒 10.逐稿轮 11.抖动板 12.风扇 13.谷粒输送器 14.上筛 15.杂余推运器和复脱器 16.下筛 17.逐稿器 18.转向轮 19.挡帘 20.卸粮管 21.发动机 22.驾驶台

2. 悬挂式全喂入联合收获机 悬挂式联合收获机又称背负式或披挂式联合收获机，如图9-2所示，联合收获机的工作部分与特定的拖拉机配套，收割台装在拖拉机的前边，脱谷机装在拖拉机的后边，割台与脱谷机的输送槽配置在拖拉机的侧面。这种作业机组的优点是造价低，拖拉机可一机多用，缺点是工作部件拆卸调整麻烦。

3. 牵引式谷物联合收获机 牵引式谷物联合收获机主要由收割台、倾斜输送器、脱粒部分、行走部分、操纵系统、动力输入传动装置和牵引底架等组成，如图9-3所示。它由大中型拖拉机牵引并提供动力输出进行工作，转移较方便，适用于较大地块的作业。

4. 半喂入式谷物联合收获机 我国南方的水稻联合收获机大多是半喂入式的，它主要由发动机、行走部分、收割部分、脱粒部分和卸谷部分组成，如图9-4所示。特点是有较长的夹持输送链和夹持脱粒链。脱粒时，只将作物穗部送入滚筒，因而保持了基秆的完整性，而耗用的功率也少。

模块9 收获机械

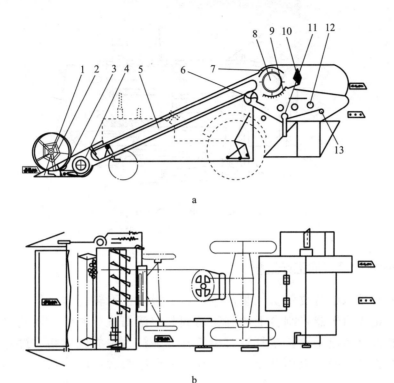

图9-2 4LQ-2.5型悬挂式全喂入联合收获机
a. 主视图 b. 俯视图
1. 分禾器 2. 拨禾轮 3. 切割器 4. 割台搅龙 5. 输送槽
6. 风扇 7. 上盖板 8. 滚筒 9. 凹板筛 10. 排草轮 11. 出谷搅龙
12. 圆筛 13. 回收装置

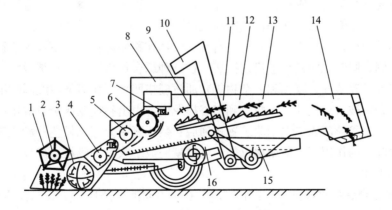

图9-3 新疆-2.5谷物联合收获机
1. 拨禾轮 2. 切割器 3. 收割台推运器 4. 倾斜输送器
5. 钉齿滚筒与凹板 6. 纹杆滚筒与凹板 7. 逐稿轮 8. 粮箱
9. 逐稿器 10. 升运器 11. 风机 12. 子粒推运器
13. 杂余子粒推运器 14. 集草器 15. 清粮筛箱 16. 抖动板

农业机具使用与维护

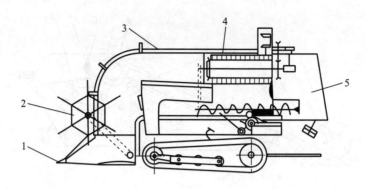

图 9-4 100-12 型半喂入式水稻联合收获机
1. 切割器 2. 拨禾轮 3. 夹持输送链 4. 脱粒滚筒 5. 集稿器

9.2.2 稻麦联合收获机的工作过程

1. 自走式全喂入联合收获机 收割时，切割器由拨禾轮配合将作物割倒放到收割台上；倾斜链耙式输送器将割台上的谷物送到脱粒滚筒进行脱粒；逐稿器将长茎秆中夹带子粒和断穗分离出来，长茎秆被排出机外，子粒为主的脱出物通过筛子和风机的清粮室，轻杂物被从筛子上面吹出机外，筛下的干净粮食由输送器运送到卸粮台。输送器的末端分成两个出粮口，交替地装夹袋子，粮食直接入袋，装满扎口后卸到地上；尾筛处回收的断穗杂余由机器一侧的复脱器再次脱粒，然后被抛扬到清粮室二次清选。

2. 悬挂式全喂入联合收获机 收割时，分禾器将割区内外的谷物分开，拨禾轮把进入左、右分禾器的谷物拨向切割器，切割器的割刀切断谷物的茎秆，割下的谷物在自重、拨禾轮推送、拖拉机行进惯性力的作用下倒向割台，割台上的谷物由割台搅龙送到左侧的输送槽入口处，在搅龙伸缩扒指和输送带耙齿的配合作用下，送入脱粒清选装置进行脱粒、分离和清粮。进入脱粒部分的谷物，在轴流式脱粒滚筒的钉齿和上盖板螺旋导向板的配合作用下，做圆周运动和轴向移动，从滚筒左端移向右端。谷物在移动过程中，不仅受脱粒滚筒钉齿的多次打击、梳刷，同时在凹板筛上反复揉搓，在这种综合作用下，谷物被脱粒。脱离了茎秆的脱出物（谷粒、碎茎秆、颖壳和混杂物等）通过栅格凹板筛孔落下，经圆筛组和风扇的气流清选，轻小杂物被吹出机外，子粒落到出谷搅龙中，由出谷搅龙送至右端接粮口，流入粮袋。大杂余和少量谷粒落入二次回收装置送回脱粒装置复脱分离。长茎秆沿脱粒滚筒移到右侧，在排草轮叶片的作用下，被抛出机外。这样就完成了收割、脱粒、分离、清粮和装袋联合作业的全部工作。

3. 牵引式谷物联合收获机 机器收割时，在拨禾轮的扶持作用下谷物被切割器所切割，并在拨禾轮的推送作用下倒在收割台上，推运器将割下的谷物推集到收割台中部，经伸缩耙齿送入倾斜喂入器，并在两个喂入轮均匀输送下将谷物送入脱粒装置，经钉齿滚筒初步脱粒，再经纹杆滚筒脱粒，子粒等脱出物（颖壳、碎茎秆等）通过两个滚筒的凹板筛孔落到抖动板上，长茎秆及其夹杂物被逐稿轮抛到逐稿器上。落到抖动板上的子粒等脱出物，在移动过程中有一定的分离作用，然后进入清粮室。子粒等脱出物在清粮室筛子和风机气流的作用下，子粒穿过筛孔下落至子粒推运器，经升运器入粮箱，而颖壳、碎茎秆等轻杂物被排出机外；未脱净的穗头通过下筛后段筛孔落入杂余推运器，被送至复脱器脱粒，复脱后由抛扔器抛至抖动板，再次进入清粮室。抛到逐稿器上的长茎秆及其夹杂物，在逐稿器的作用下，夹在其中的子粒等小杂物通过键面筛孔，沿键底滑落至抖动板上，与穿过两个滚筒凹板筛孔的子粒等脱出物，一起进入清粮室；长茎秆则被排出落到集草箱。当茎秆集到一定重量，集草箱便自动打开，茎秆即堆入田间。

4. 半喂入式谷物联合收获机　100-12型半喂入式水稻联合收获机的割台为卧式。工作时，作物由拨禾轮拨向切割器，被割倒在割台上，由割台输送链送至右侧。此时，夹持输送链夹住茎秆下部向上提起，在沿弧形轨道输送过程中，使作物转向成穗头朝下的倒挂状态，然后将谷物穗部喂入滚筒，沿滚筒轴向运动并进行脱粒。脱粒后的禾稿被送到集稿器。当禾稿集到一定量时，集稿器自动打开，禾稿成堆放在田间。脱下的谷粒及部分细小杂物则穿过凹板筛落入谷粒螺旋，被推送到出粮口装袋。凹板筛面上的一部分细小杂物被排杂风扇排出机外。

9.3　玉米联合收获机

9.3.1　玉米联合收获机概述

玉米联合收获机是专门用于玉米成熟后对其进行摘穗剥皮（脱粒），并对秸秆粉碎还田或收集青贮等单项或联合作业的一种专用机械。

1. 收获作业的一般要求

（1）适时收获。玉米成熟从乳熟期到完熟期一般还有10～15 d的时间，需经历乳熟期、蜡熟期和完熟期三个阶段。玉米子粒在果穗上，成熟后不易脱落，可以在植株上完成后熟，因此完熟期是玉米的最佳收获期。若进行茎秆青贮，可适当提早到蜡熟末期或完熟初期收获。过早过晚收获，都会降低玉米的产量和品质。

（2）收获时落穗、落粒损失和子粒破碎率都要降到最低，不得超过要求指标。

（3）带有剥苞叶皮装置的，苞叶剥除要干净。

（4）秸秆还田时，粉碎效果要好，抛洒均匀，粉碎秸秆长度不大于10 cm，切碎长度合格率大于等于85%。

（5）秸秆还田应尽量保持秸秆青绿时进行。

2. 玉米联合收获机的分类及其特点

（1）按动力配套形式分类。

① 自走式玉米联合收获机：自带行走和作业驱动动力。根据功能又可分为摘穗型自走式联合收获机和摘穗脱粒型自走式联合收获机。

② 背负式玉米联合收获机：又叫悬挂式，无行走和作业驱动动力，整机悬挂在拖拉机上作业。

③ 小麦收获机换装玉米割台式玉米联合收获机：收获玉米时，将小麦收获机割台卸掉，换成专用的玉米割台作业，实现玉米收获，秸秆粉碎。根据功能又可分为摘穗型收获机和摘穗脱粒型收获机。

④ 牵引式玉米联合收获机：无动力和自动行走装置，由其他行走机械侧牵引并作业，

适用于农场等大地块作业。

(2) 按摘穗装置的配置方式分类。主要有纵卧辊摘穗式、横卧辊摘穗式、立辊摘穗式、拉茎辊加摘穗板式和茎穗全喂入式五种。市场上纵卧辊摘穗式，拉茎辊加摘穗板式应用最为普遍，其余几种应用较少。

摘穗辊由圆柱辊和缠绕在辊上的螺旋凸筋、强拉筋及导锥等组成，如图9-5所示。

导锥主要起引导茎秆进摘穗辊间隙的作用，螺旋凸筋主要起摘穗作用，而强拉筋主要是将茎秆的末梢部分和在摘穗中已断的茎秆强制拉出或咬断。

拉茎辊加摘穗板由拉茎辊和附加在其上面的摘穗板组成，如图9-6所示。

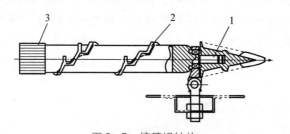
图9-5 摘穗辊结构
1.导锥 2.螺旋凸筋 3.强拉筋

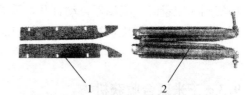
图9-6 拉茎辊加摘穗板结构
1.摘穗板 2.拉茎辊

拉茎辊一般是由四块或六块槽形钢板拼焊而成的四棱辊或六棱辊，前端为锥形导入段，后段为茎秆拉引段。拉茎辊的主要作用是将茎秆向下拉引。

摘穗板是一块前端平滑弯曲，刃部带有折弯和过度圆弧的钢板。摘穗板的作用是在拉茎辊拉引玉米茎秆过程中，将玉米果穗卡住并摘下。

① 纵卧辊摘穗装置：主要用于立秆摘穗机型，应用较为广泛，如图9-7所示。玉米摘穗辊的轴线方向与机器的前进方向一致，呈前低后高状，轴线与水平线的夹角为35°～40°。其优点是摘穗辊上的螺旋拉筋在旋转中拉茎，断茎少且能剥去部分苞叶；螺旋拉筋之间的间隙可无级调整，对不同品种玉米适应性好。缺点是摘穗辊上的螺旋拉筋拉茎时与玉米果穗接触，易啃伤、碰掉子粒，被摘下的果穗进入螺旋推进器前在摘辊表面停留时间较长，加大了子粒损失和损伤的机会。

② 横卧辊摘穗装置：主要用于割秆摘穗机型，如图9-8所示。玉米摘穗辊的轴线方向与机器的前进方向垂直，与水平面平行。其优点是结构简单，功率消耗低，既可收获玉米果穗，又可收获青贮玉米秸秆。缺点是子粒破碎率较高，摘穗辊易堵塞，喂入量大时损失率高。

③ 立辊摘穗装置：主要用于割秆摘穗机型，如图9-9所示。摘穗辊呈竖立方向，摘穗辊轴心线与垂直面成前倾25°左右的夹角。优点是果穗被摘离茎秆后，立即掉落下去，子粒咬伤小，穗上的苞叶被剥去的较多。缺点是当茎秆粗大、直径大小不一致、含水量较大时，秸秆易被拉断，形成滞留而造成堵塞。

④ 拉茎辊加摘穗板装置：主要用于立秆摘穗机型，如图9-10所示。拉茎辊上方安装摘穗板，两者平行，其轴线方向与机器的前进方向一致，呈前低后高状，轴线与水平线的夹角为25°～35°。优点是玉米果穗与拉茎辊被摘穗板隔离，果穗不受滚动挤压，子粒损伤小。缺点是玉米果穗与拉茎辊隔离，剥离苞叶少，断秆较多，集穗箱杂质多。

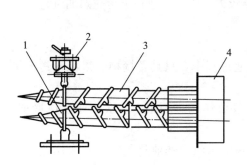
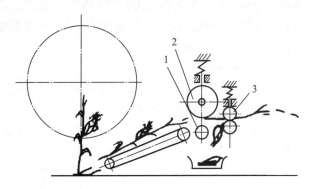

图9-7 纵卧辊摘穗装置
1. 前轴承 2. 摘辊间隙调整机构
3. 摘辊 4. 传动箱

图9-8 横卧辊摘穗装置
1. 喂入辊 2. 喂入轮 3. 摘穗辊

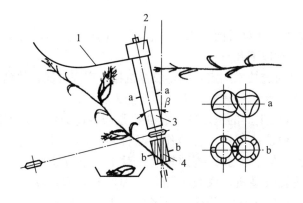
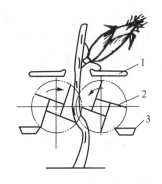

图9-9 立辊摘穗装置
a. 摘辊上段横截面 b. 摘辊下段横截面
1. 挡禾板 2. 传动箱 3. 摘辊上段 4. 摘辊下段

图9-10 拉茎辊加摘穗板装置
1. 摘穗板 2. 拉茎辊 3. 清除刀

⑤ 茎穗全喂入式摘穗装置：用于直立玉米穗茎同时收获。目前，主要分为横向拨禾轮装置（图9-11）和立式拨禾轮装置（图9-12）两种。其特点是拨禾轮、割刀相互配合，

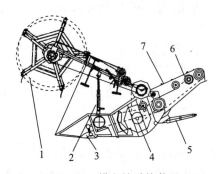
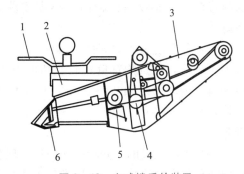

图9-11 横向拨禾轮装置
1. 拨禾轮 2. 拨禾轮升降油缸 3. 切割器 4. 喂入搅龙
5. 割台升降油缸 6. 过桥链耙 7. 倾斜输送器

图9-12 立式拨禾轮装置
1. 拨禾轮 2. 拨齿输送筒 3. 输送槽
4. 割台搅龙 5. 摆环箱 6. 切割器

茎秆、果穗同时收割，没有专门摘穗装置。优点是完全不对行收获，适宜各种种植行距，直接将玉米收成子粒。缺点是收获时受作物含水率影响较大，生产作业在玉米完熟期进行，否则作业质量无法保证。

（3）按收获方式分。

① 摘穗型玉米联合收获机：在玉米联合收获作业过程中，只具备摘穗、果穗输送、果穗集箱作业，玉米秸秆不做处理。

② 摘穗、秸秆还田型玉米联合收获机：在玉米收获作业过程中，一次作业完成摘穗、果穗输送、集箱和秸秆粉碎还田等工序。

③ 摘穗、剥皮、秸秆还田型玉米联合收获机：在玉米收获作业过程中，一次作业可完成摘穗、果穗剥皮、集箱、秸秆粉碎还田等多项工序。

④ 果穗、茎秆兼收型玉米联合收获机：在玉米收获作业过程中，一次作业可完成摘穗、果穗输送、集箱和茎秆的切割、输送、切碎、抛送、收集等项工序。

⑤ 脱粒型玉米联合收获机：在玉米收获作业过程中，一次完成茎穗收割、输送、脱粒、分离、清选、集仓等作业环节。

3. 选购玉米联合收获机的注意事项 针对目前玉米联合收获机生产厂家多，机型多的情况，在选购玉米联合收获机时，应注意以下几点：

（1）选购已经定型的产品。产品已通过技术鉴定，取得农业机械推广许可证，并已列入国家机具补贴目录，表明其产品已基本定型，有较好的生产作业能力。

（2）注意机具的适应性。目前，我国生产的玉米联合收获机是与各地的农艺要求相配套的，具有明显的区域性。我国玉米种植范围广，各地作物品种和气候条件不同，以及农艺耕作上的差异，收获时的玉米茎秆和子粒水分差别较大，对于玉米收获机的功能要求各异。山区适宜小型机；平川区适宜大型机；农牧区侧重于穗茎兼收型；收获较晚且有烘干条件区，可采用直接脱粒型；小麦玉米兼作区，可考虑小麦收获机换装玉米割台型收获机。

（3）考虑经济实力。我国目前生产的玉米联合收获机主要有自走式、背负式、牵引式和互换割台式四种。自走式机型庞大，价格昂贵，投资回收期较长；牵引式机型机组长，不适应小地块，需要人工收割开道，但配套拖拉机可充分利用，一次性投资少；背负式可充分利用现有拖拉机，一次性投资相对较少，回收周期短，适合目前经济欠发达地区农村推广，作业效率也较高；小麦收获机换装玉米割台，机具利用率高，生产效益也较好。

（4）考虑动力的配套性。目前与玉米联合收获机配套的拖拉机一般动力都在 36.7 kW 以上。因此，在选购背负式收获机时要选取与自己现有拖拉机相配套的机型，而不需另行购置新的动力。如 29～33 kW 拖拉机可与两行玉米联合收获机相匹配，44～58.8 kW 的拖拉机可与 3 行玉米联合收获机相匹配，要避免"小马拉大车"或"大马拉小车"的现象。

（5）考虑机具的不同功能和用途。现有的玉米联合收获机一般都具有摘穗、集装、秸秆粉碎或秸秆青贮等功能。还田型玉米联合收获机配有秸秆粉碎还田机，即在进行摘穗作业的同时，还将玉米秸秆粉碎后抛撒在地里，实现秸秆还田。青贮型玉米联合收获机具有秸秆粉碎回收装置，可将摘穗后的秸秆拣拾粉碎并回收，用于青贮。

（6）考虑产品的售后服务问题。玉米收获具有一定的季节性，因而，必须要求产品有良好的售后服务和具有充足的零配件供应。否则，在实际生产中，会因为售后服务不及时而影响作业的时效性。

9.3.2 自走式玉米联合收获机的基本结构

1. 自走式摘穗型玉米联合收获机 该类机主要由发动机、底盘系统、割台总成、升运器、剥皮机、集穗箱、液压系统、电器系统等部分组成，如图9-13所示。

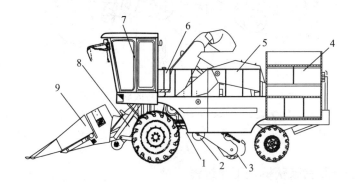

图9-13 自走式玉米联合收获机结构示意
1. 传动箱装配 2. 秸秆机中间轴 3. 秸秆还田机 4. 粮箱
5. 剥皮机 6. 液压油箱 7. 驾驶室 8. 输送器（升运器） 9. 摘穗台

2. 玉米小麦互换割台摘穗型收获机 该类机主要由小麦收获机主体、玉米割台总成、升运器、秸秆还田机、果穗箱等部分组成，如图9-14所示。

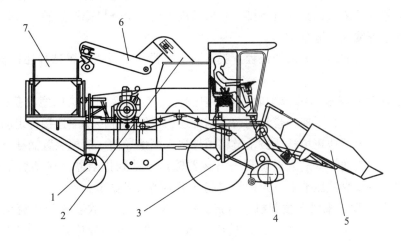

图9-14 玉米小麦互换割台摘穗型收获机结构示意
1. 后桥 2. 前果穗升运器 3. 前桥 4. 秸秆还田机 5. 割台 6. 后果穗升运器 7. 集穗箱

3. 自走式脱粒型玉米联合收获机 该类机主要由驾驶室、收割台、脱粒部分、清选部分、复脱器、升运器、粮仓及卸粮机构、底盘系统、液压系统、电器系统等组成，如图9-15所示。

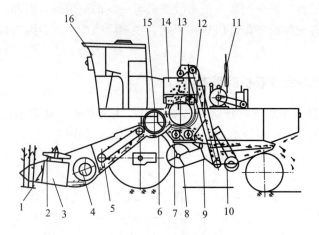

图 9-15 4YZT 系列玉米子粒收获机结构示意

1. 切割器 2. 拨禾轮 3. 拨齿输送筒 4. 割台搅龙 5. 输送槽 6. 喂入滚筒 7. 搅龙 8. 风机 9. 筛箱 10. 复脱器 11. 发动机 12. 子粒提升器 13. 脱粒滚筒 14. 粮箱 15. 喂入滚筒 16. 驾驶室

9.3.3 自走式玉米联合收获机的工作过程

1. 自走式摘穗型玉米联合收获机 自走式摘穗型玉米联合收获机作业流程如下：启动发动机→操纵主离合手柄→带动割台、秸秆还田机等部件转动→连接行走动力→收获机顺玉米行前行→分禾器扶正植株→拨禾链将植株送入摘穗导槽→摘穗装置摘穗。

摘穗装置摘下的果穗进入的流程：拨禾链将果穗拨入搅龙→搅龙输送果穗进入升运器→升运器输送果穗到排杂器或剥皮机→排杂后果穗进入集穗箱→果穗箱集满→操纵液压油缸→果穗箱立起→果穗倒入运输车。

摘穗装置摘穗后的秸秆进入的流程：脱离摘穗装置→中置或后置秸秆还田机粉碎秸秆、回收或铺条。

2. 玉米、小麦互换割台摘穗型收获机 玉米、小麦互换割台摘穗型收获机作业流程：启动发动机→操纵主离合手柄→带动割台、秸秆还田机等部件传动→连接行走动力→收获机顺玉米行前行→分禾器扶正植株→拨禾链将植株送入摘穗导槽→摘穗装置摘穗→拨禾链将果穗拨入搅龙→搅龙输送果穗进入升运器→升运器输送果穗到排杂器→排杂后果穗进入集穗箱→果穗箱集满→操纵液压油缸→果穗箱立起→果穗倒入运输车。

3. 自走式脱粒型玉米联合收获机 自走式脱粒型玉米联合收获机作业流程如下：启动发动机→操纵主离合手柄→带动割台、脱粒等部件转动→各部分达到额定转速→收获机前行→拨禾轮拨送玉米到切割器→切割器将玉米秆割下→拨禾轮推秆到拨齿输送筒→割下的玉米进入割台中部喂入口→喂入搅龙拨玉米到输送槽→输送槽送玉米进入喂入滚筒→喂入滚筒切向抛玉米进入脱粒滚筒，在柱齿和分离板的作用下完成脱粒和分离→长茎秆从排草口排出→其余物料经搅龙送入抖动筛→在抖动筛作用下实现子粒和杂余分离→子粒经搅龙和提升器送入粮仓→杂余被筛后段栅条进一步分离→未脱净的杂余进入复脱器再次筛选→筛选后子粒进入粮仓→粮仓满后通过搅龙和卸粮槽卸入运粮车。

【基本技能】

实训 9.1　稻麦联合收获机的调整

1. 拨禾轮的调整　拨禾轮的高低、前后位置，转速以及弹齿倾角应根据田间作物状况随时调整，以利于提高作业质量和减少割台损失。

（1）拨禾轮高低位置的调整。拨禾轮的高低位置由驾驶室内拨禾轮液压升降手柄操纵。一般直立生长作物和高秆大密度作物，以弹齿管拨在被割作物高度的 2/3 处为宜；倒伏作物放至最低；低稀作物，尽可能下降接近护刃器。但拨禾轮放到最低和最后位置时，弹齿距喂入搅龙及护刃器的最小距离均不得小于 20 mm。

（2）拨禾轮弹齿倾角的调整。拨禾轮弹齿倾角的选择要求是：一般直立生长作物取垂直状态；倒伏作物，向后偏转；高秆大密度作物，略向前偏转；稀矮作物，向前偏转。调整时，松开紧固螺栓，然后转动调整板，使调整板相对于拨禾轮轴偏转，同时带动拨禾板和弹齿轴偏转，待偏转到所需角度后，将调整板和升降架上轴承座固定板螺孔对准，将螺栓固定。

（3）拨禾轮前后位置的调整。拨禾轮前后位置通过移动拨禾轮轴承座在升降架支臂上的位置来调节。调节时先取下传动 V 带，再取下支臂上的固定插销，然后移动拨禾轮。移动时须左右同时进行，并注意保持两边相对应固定孔位，然后插入插销。调节后，应重新调整弹簧对挂接链条的拉力和 V 带张紧度。一般直立生长作物，将拨禾轮轴调到距护刃器前梁垂线 250～300 mm 距离处为宜；倒伏作物，顺倒伏方向收获时尽可能前些，逆倒伏方向收获时则应接近护刃器位置；高秆大密度作物，前调；稀矮作物，尽可能后移接近喂入搅龙。

（4）拨禾轮转速的调整。拨禾轮转速通过拨禾变调调速手柄操纵实现。调整拨禾轮转速时，必须在拨禾轮运转中转动变速轮调速手柄才能调速，当顺时针转动时，拨禾轮转速加快；逆时针时，转速减慢。一般高秆大密度作物，拨禾轮圆周速度比收获机前进速度略低；其余作物，拨禾轮圆周速度比收获机前进速度略高。

2. 切割器的调整　切割器工作部件的配合状态，对割台的工作质量有很大的影响，应经常检查和调整。

（1）护刃器的水平调整。所有护刃器的工作面应在同一平面内。动刀与护刃器的工作面应贴合，其前端允许有不大于 0.7 mm 的间隙，后端允许有不大于 1.5 mm 的间隙，但其数量不得超过全部的 1/3。调整时，可用一截管子套在护刃器尖端校正，也可用锤子轻轻敲打校正。

（2）压刃器的调节。动刀片和压刃器工作面之间间隙范围在 0.1～0.5 mm。调整时，加减调整垫，或用锤子轻轻敲打压刃器。调整后动刀刃应左右滑动灵活。

（3）对中调整。动刀片处于两端极限位置时，动刀片中心线与护刃器中心线应重合，其偏差值不大于 5 mm。调整时，让摆环箱的摆臂处于相应的极限位置，通过移动刀头和弹片之间的位置调整。

3. 喂入搅龙的调整

（1）喂入搅龙叶片与割台底板间隙的调整。首先松开喂入搅龙传动链张紧轮，然后将割台两侧壁上的螺母松开，再将右侧的伸缩齿调节螺母松开，按需要调整搅龙叶片和底板之间的间隙，拧转调节螺母使喂入搅龙提升或降落。搅龙叶片和底板之间间隙的选择，一般作物为 15～20 mm，矮稀作物为 10～15 mm，高大稠密作物和固定作业为 20～30 mm。调整后沿割台全长间隙分布应一致；检查并调整喂入搅龙链条的张紧度；检查伸缩齿伸缩情况，测量间隙是否合适；拧紧两侧壁上的所有螺母。

(2) 喂入搅龙叶片与后壁间隙的调整。首先松开喂入搅龙传动链张紧轮，然后将割台两侧壁上的螺母以及调节螺母松开，再将右侧的伸缩齿调节螺母松开，按需要调整搅龙叶片和后壁之间的间隙量，移动左右调节板使喂入搅龙向前或往后。移动时应保证两边移动量一致，最后锁紧螺母。一般喂入搅龙叶片与后壁间隙为 20～30 mm，与后壁上的防缠板的间隙为 10 mm 左右。

(3) 伸缩齿与割台底板间隙的调整。松开螺母，转动伸缩齿调节手柄，即可改变伸缩齿与底板间隙。调整时，将手柄往上转，间隙减小；往下转，间隙变大。调整完后，必须将螺母安装牢固。对一般作物应调整为 10～15 mm，对矮稀作物不小于 6 mm；对于高粗秆稠密作物应使伸缩齿前方伸出量加大，以利于抓取作物，避免缠挂作物。

4. 倾斜输送器链耙张紧度和间隙的调整 过桥链耙与过桥底板之间的间隙调整，通过调整过桥链耙的张紧度来实现。链耙耙齿与过桥底板之间的间隙为 10 mm，张紧度以用手试将链耙中部上提，其提起高度为 20～35 mm 为宜。调整后的链耙必须保证左右高低一致，两根链条张紧度一致，同时要检查被动轴是否浮动自如。

5. 脱粒滚筒转速及脱粒间隙的调整

(1) 滚筒转速的调整。轴流滚筒有高速和低速两种转速，收获机出厂时为高速。对特殊作物还可将中间轴带轮和轴流滚筒带轮对换，实现低速。板齿滚筒和轴流滚筒之间采用链条传动，可以对两滚筒进行不同的链轮配置，实现八种不同的板齿滚筒速度，以满足不同作物的脱粒分离要求。一般潮湿难脱作物用高转速，干燥易脱作物用低转速。

(2) 板齿凹板的调整。板齿凹板一面带齿，一面为光面。出厂状态的板齿凹板为光面，用于收获小麦。如果收获难脱品种需翻面使用时，首先拧掉板齿凹板固定框的固定螺栓，并将板齿凹板总成向后下方转动放下。拧掉每块板齿凹板上固定螺栓，然后将其翻转，按原拆卸时的相反顺序安装。

(3) 轴流滚筒活动栅格凹板出口间隙的调整。轴流滚筒活动栅格凹板出口间隙是指该滚筒纹杆段齿面与活动栅格凹板出口处径向间隙，该间隙分为 5 mm、10 mm、15 mm、20 mm 等若干档，分别由活动栅格凹板调节机构手柄固定板上四个螺孔定位。手柄向前调整间隙变小，向后调整间隙变大。调整完毕后，凹板左右间隙应保持一致，其偏差不得大于 1.5 mm，必要时可通过调节左、右调节螺杆调整。一般潮湿作物，轴流滚筒与活动凹板之间用小间隙，干燥作物用大间隙。

6. 筛箱与子粒升运器的调整

(1) 筛箱的调整。一般的上下筛片开度范围在 0°～45°可调，分别由两个调节手柄控制。筛片开度调整应与清选风扇调整匹配，上筛应在粮箱子粒含杂率允许的前提下，开度尽可能大一些，但在收大粒或杂草多的潮湿作物时，前段开度应略小于后段；下筛一般以较小开度为宜，但下筛后段应尽可能开大些。特殊情况下因作物杂草过多，容易造成复脱器堵塞时，应适当将开度关小。不同田间作物条件下要通过试割观察调整。

(2) 子粒升运器的调整。使用一段时间后，升运器刮板链条会伸长，应及时调整。调整时，松开张紧螺栓、螺母，调节螺栓，上提张紧板，刮板链条张紧，反之放松。在调节张紧螺栓时应两侧同步调整，并要注意保持轮轴的水平位置，不得偏斜，更不准水平窜动。链条的张紧度适宜的判断：在升运器底部开口处手转动刮板输送链条，能够较轻松的绕链轮转动为适度，或试车空转时未能听见刮板输送链条对升运器壳体的颤动敲击声为宜。

7. 普通 V 型和变速 V 型传动带的安装与调整

（1）装卸 V 型带时应将张紧轮固定螺栓松开，或将无级变速轮张紧螺栓和栓轴螺母松开，不得强行将传动带撬下或扯上。必要时，可以转动皮带轮将胶带逐步盘下或盘上，但不要太勉强，以免破坏胶带内部结构或拉坏轴。

（2）安装带轮时，同一回路中带轮轮槽对称中心面（对于无级变速轮，动轮应处于对称中心面位置）位置偏差不大于中心距的 0.3%。

（3）要经常检查胶带的张紧程度，过松过紧都会缩短其使用寿命。

8. 传运链条的安装与调整

（1）在同一传动回路中的链轮应安装在同一平面上，其轮齿对称中心面位置偏差不大于中心距的 0.2%。

（2）链条的张紧应适度。链条使用伸长后，如张紧装置调整量不足，可拆去两个链节继续使用。如链条在工作中经常出现爬齿或跳齿现象，说明节距已增长到不能继续使用，应更换新链条。

（3）拆卸链节冲打链条的销轴时，应轮流冲打链节的两个销轴，销轴头如已在使用中撞击变毛时，应先打磨。冲打时，链节下应垫硬木块等，以免打弯链板。

9. 行走无级变速的调整　无级变速 V 带张紧度调整。调整时先通过操纵手柄将动轮组合置于中间位置，然后松开栓轴，调整调节螺杆，使调节架焊合上下移动，带动栓轴沿转臂长孔上下移动，达到调整要求后，将无级变速轮固定。在调整过程中应用手不断转动无级变速轮，但不得过度调紧。

10. 行走离合器的调整

（1）行走离合器间隙的调整。离合器膜片弹簧和分离轴承之间自由间隙为 1.5～3 mm。间隙过小，会使分离轴承压在膜片弹簧上长期转动，引起离合器摩擦片不能正常接合，严重时损坏机件，因此必须定期检查调整此间隙。调整时，通过调整离合器拉杆两端螺纹长度来实现，同时应保证离合器脚踏板自由行程为 20～30 mm。

（2）小制动器间隙的调整。小制动器和行走离合器通过小制动横推杆连接，实现两者同步分离、制动。在调整离合器间隙的同时，必须检查小制动器间隙，即当离合器结合时，小制动轮与制动蹄的径向间隙为 1～2 mm。通过调整制动横推杆螺母，改变横推杆工作长度，达到正常间隙。调整缓冲弹簧的压缩长度，可改变制动蹄对小制动轮的压力。

11. 换挡机构的调整　在使用过程中，由于操作不当、固定螺母松脱、拉杆变形等引起换挡困难时，需要对换挡机构进行调整。

（1）选挡中位调整。将中继机构与选挡横拉杆连接处的球铰接头外螺纹端拆下，使中继机构选挡连接臂处于自由状态（垂直状态），同时保证变速箱选挡支臂处于自由状态（自动复位）。这时，轻轻向内旋转长传动轴，消除连接间隙；根据空间实际安装距离，调节调整螺母，改变选挡横拉杆长度，安装并锁紧球铰接头处螺母，固定调节螺母，调整后手柄挡位处于Ⅱ、Ⅲ挡中位。

（2）换挡中位调整。拆开中继机构与换挡横拉杆连接处，使中继机构换挡连接臂处于垂直状态，同时保证变速箱换挡支臂处于中间位置（手动复位，并有挡位手感）。这时，轻轻内旋长传动套，消除连接间隙；再根据空间实际安装距离，调节调整螺母，改变换挡横拉杆长度，安装并锁紧球铰接头处螺母，固定调节螺母。

12. 制动系统的调整　调整制动分泵调节螺栓及制动器总成螺栓，使制动夹盘的自由间隙保持在 0.5～1 mm。调整制动拉杆，使制动踏板自由行程保持在 10～15 mm。调整刹车带调整螺钉，使手制动装置刹车带和制动毂在非工作状态时的自由间隙保持在 1～2 mm。

13. 转向轮的检查调整

（1）转向轮前束的检查调整。转向轮外倾角为 20°，前束值为 6～10 mm。参照拖拉机前束的检查方法检查，不符合时通过调整转向拉杆长度进行调整。

（2）转向轴轴承间隙的调整。定期检查转向轴上两轴承的轴向间隙，经常保持在 0.1～0.2 mm，不符合时通过调整螺母进行调整，即将螺母拧紧后退回 1/7～1/5 圈，并用开口销固定。

实训 9.2　稻麦联合收获机的使用

1. 驾驶操作人员的配备　稻麦类联合收获机作业的特点是时间性强。一季的作业时间一般为 5～10 d，大跨区异地作业的收获机作业时间也不过一个月左右，每逢作物收获季节，几乎每天都是 24 h 连续作业，人停机不停，所以，要求收获机驾驶人员至少要实行两班制。一个班次以 2 人计算，整个机组人员最少要有 4 人，其中，必须有 2 名熟练驾驶人员和 1 名修理人员。对于设有粮仓的收获机，每个班次都要配备 2 人专职接粮，否则会影响作业速度。

2. 作业田块的准备　联合收获机在下田作业前，驾驶人员应当充分了解田间地块的作业条件。

（1）确定合理的作业路线。对于同一地区不同品种的作物，种植时间有早有晚，造成作物成熟时间不同，所以收获机驾驶人员必须在作物成熟前对作业区内的作物进行全面了解，根据具体情况，选择成熟早、面积大、适宜收获机作业的地块依次收割。为了提高时间利用率，作业中应尽量减少收获机转移的次数，特别是包干到户的地块，作业中要做到统一指挥，统一调动机车，努力提高作业效率。

（2）选择适宜的道路。作业路线确定后，驾驶员必须提前考察所经道路和桥梁的通过性。如果发现道路不畅，应及时修补，不能修补的，要绕道行驶。

（3）提前清除障碍物。对于准备收割的地块，作业前一定要查清田间地头的障碍物，如沟、渠、坑、井、岗、电线杆、地界石等。能清理的一定要清理，不能清理的要做上明显的标记，以防作业中出现事故。

（4）确定合适的加油地点。为了不影响收获机连续作业，作业前驾驶员必须了解附近加油站的情况，作业中驾驶员可根据具体情况，选择距离近、道路好的加油站随时进行加油。对于附近没有加油地点的地块，可把油料直接拉到作业地附近随时加油。但不允许在正在收割的地块内加油。

3. 田间作业的基本操作

（1）正确选择作业速度。在正常情况下，若地块平坦、谷物成熟一致并处在蜡熟期、田间杂草又较少时，可以适当提高收获机的前进速度；小麦在蜡熟期或蜡熟后期时，湿度较小并且成熟均匀，前进速度可以适当高一些；小麦在乳熟后期或蜡熟初期时，湿度较大，在收割时，前进速度要低些；雨后或早晚小麦秸秆湿度大时，收割时前进速度要低一些；晴天的中午前后，小麦秸秆干燥，前进速度应快一些；对于密度大、植株高、产量高的小麦，在收割时前进速度要慢一点；密度小又稀矮的小麦前进速度可快一些；收获机刚开始投入作业时，各部件技术状态处在使用观察阶段，作业负荷要小一些，前进速度要慢些；观察使用一段时间后，技术状态确实稳定可靠且小麦又成熟干燥，前进速度可快些，以便充分发挥机具作业效率。

（2）收割幅宽大小要适当。在收获机技术状态完好的情况下，尽可能进行满负荷作业，但喂入量不能超过规定的许可值，在作业时不能有漏割现象，割幅掌握在割台宽度的90%为好。

（3）正确掌握留茬高度。在保证正常收割的情况下，割茬尽量低些，但最低不得小于5 cm，否则会引起切割器吃土，加速刀口磨损和损坏。留茬高度除特殊要求外，一般不超过15 cm。

（4）作业行走方法的选择。收获机作业时一般有三种行走方法，即顺时针向心回转法、逆时针向心回转法和梭形收割法。在具体作业时，操作手应参照前述耕地作业方法，根据地块实际情况灵活选用。但应注意一要卸粮方便、快捷；二要尽量减少机车空行。

（5）适时收割。驾驶员要掌握适时的收割期。一般情况下，联合收获机在谷物完全成熟期收获最好。如果收割过早，由于作物湿度大，将会造成收获机故障多、作业效率低和收割损失多的不良后果。如果收割过晚，则由于穗头下垂，自然掉穗、掉粒增多，同时也会造成割台损失增多。具体收割时间应根据作物成熟度、天气条件和作业任务的安排来具体确定。

（6）进出地头。进入地头作业前，首先将工作离合器平稳接合，使各工作部件慢慢转动起来，直至进入正常运转状态，然后扳动液压操纵手柄缓慢地将割台、拨禾轮降至工作位置，并视作物长势情况选好挡位，以适当低速对正作物，再把油门加至最大时入田作业；出地头时，减慢行驶速度、扳动液压手柄升起割台进行转弯，然后，再对正作物入田作业。无论出地头、入地头，或者正常作业中遇到障碍物，严禁用减小油门的方法降低车速。否则，会造成收获机各工作部件转速下降，谷物脱打不净。

（7）作业时的直线行驶。收获机作业时应保持直线行驶，允许微量调方向。在转弯时一定要停止收割，采用倒车法转弯或兜圈法直角转弯，不可边割边转弯，否则收获机分禾器会将未割的麦子压倒，造成漏割损失。

（8）合理使用收获机。小麦在乳熟期不可收割；对倒伏过于严重的小麦不宜采用机械收割；刚下过雨，秸秆湿度大，也不宜强行用机械收割。操作手具体作业时，要根据实际情况，能够使用机械收割的尽量满足用户要求，对确实不能使用机械收割的不可勉强作业。收获机作业时，切割器、脱粒滚筒、清选装置等工作部件的转速应保持恒定。转速下降，会引起堵塞、脱不净、分离不彻底和清选损失增多等。因此要求发动机始终在大油门额定转速下工作。

4. 特殊情况的操作

（1）大风天气的操作。机组应逆风向行驶，有利于收禾；清粮机构迎风一侧的进风口应调小，背风面的进风口调大，稳定风力，减少清粮吹带损失，保证清粮质量。

（2）坡地的操作。尽量避免横坡行驶作业，保持机组稳定性，避免倾覆；长距离上坡收割时，应调高筛子后部，选用较大的筛孔，进风口开度应减小，以减少粮食损失；短距离上坡收割时，则不必调整；下坡地长距离收割时，筛子后部应调低。

（3）倒伏作物的操作。应适当降低机组的前进速度。机组前进方向应与作物倒伏方向相反，或与倒状作物成 45°左右的夹角，适当将拨禾轮向前、向下调整，以保证顺利拨禾，正常切割。

（4）低作物的操作。对割台和拨禾轮进行适当调整和改装。割台高度调整应保持割茬不高于 15 cm 而割刀又不吃土。如果割茬过低、割刀吃土会加速割刀磨损、崩齿和损坏；将拨禾轮向下进行适当调整，并增加机组前进速度，保证正常的脱粒喂入量；顺播种行方向进行收获作业，可减少因前进速度增加引起的机组强烈振动和收割损失。

（5）过干、过熟作物的操作。在拨禾轮木翻轮压板上增加帆布条，以增加拨禾轮在拨禾中的缓冲作用，减少掉粒损失；降低拨禾轮高度，使拨禾轮不击打作物穗头部位，以减少掉粒；降低拨禾轮转速，以减少对切割作物的击打次数。

5. 作业中的注意事项

（1）随时观察或检查。作业中要随时检查收获机工作状况和作业情况，观察割台上作物的喂送是否均匀，割台下掉穗、掉粒现象是否严重；检查粮箱内子粒的破碎程度及清洁度，必要时调整脱粒装置和分离装置；检查排出的秸秆中谷穗的脱净情况、夹带子粒情况和茎秆的粉碎情况，排出的秸秆是否连续、均匀等；观察清粮筛，注意能否将脱下的糠草、杂质排出机外，有无子粒吹出，筛面上有无混杂堆积物等。然后，根据情况调节风扇转速和风向，观察传动系和液压系统的工作情况，注意检查传动系统是否平稳、有无异常声响与异味、液压升降是否正常。

（2）及时调整机器。在一天的作业中，驾驶员应根据作物在早上、中午、晚上、夜间湿度的变化，对收获机进行及时的调整。当作物湿度大时，要适当放慢前进速度，减小割幅，提高风机转速，增大滚筒转速和脱粒间隙，以减少损失，保证作业质量。反之，应作相反的调整。

（3）卸粮。对于有粮仓的收获机，卸粮后一定要关闭仓门，防止粮食抛洒田间。用麻袋接粮的收获机，要求配备专职接粮人员，以加快作业速度。对于运输车接粮的联合收获机，开始应尽量放慢速度、直线行驶，待运输车进入预定位置并与收获机同速前进时，收获机驾驶人员才能发出卸粮信号，并缓慢接合卸粮离合器进行卸粮。运输车装满后，分离卸粮离合器，待卸粮推运器停止运转后，才能更换运输车继续作业。

实训 9.3　自走式玉米联合收获机的调整

1. 摘穗台高低的调整　摘穗台的功用是从玉米植株上摘下果穗，并将果穗输送到升运器中，主要由分禾器、摘穗器、摘穗齿箱、喂入链、拨禾链、输送器等组成，如图 9-16 所示。

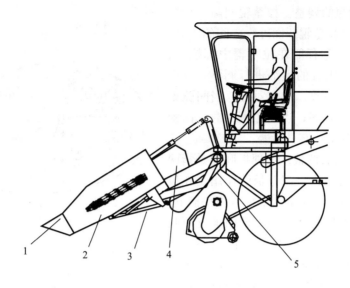

图 9-16 摘穗台系统
1. 分禾器 2. 摘穗器 3. 摘穗机架装配 4. 摘穗齿箱 5. 输送器

摘穗台摘穗高度直接影响收获机工作质量和效率。玉米结穗高度较高时,提高摘穗台可提高生产效率;玉米结穗高度较低时,降低摘穗台可减少损失。实际生产中应根据田间玉米植株的最低结穗高度机动调整摘穗台高度。摘穗台油缸控制摘穗台的升降,摘穗台高度以正好能收到玉米植株上全部玉米果穗为好。

2. 摘穗装置的调整

(1) 辊式玉米摘穗装置的调整。

① 摘穗辊间隙的调整:如图 9-17 所示,摘穗辊间隙是指一根摘穗辊上的凸筋与另一根摘穗辊的外圆之间的间隙。摘穗辊之间的间隙合适与否,对减少子粒损失,防止秸秆堵塞意义重大,应根据玉米品种、果穗大小、茎秆粗细等情况及时进行调整。摘穗辊间隙调整原则是:玉米茎秆粗、种植密度大、作物含水量高时,间隙适当大些;反之则小些。间隙过大,摘穗辊易堵塞,子粒损失增大;间隙过小,碾压和咬断茎秆的情况严重。摘穗辊间隙一般取茎秆直径的 30%~40%,一般调到 6~8 mm,最大不超过 12 mm。

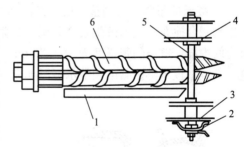

图 9-17 摘穗辊间隙的调整
1. 剔除刀 2. 锁紧螺母 3、4. 螺母
5. 间隙调整螺杆 6. 摘穗辊

② 切草刀间隙的调整:切草刀安装在每对摘穗辊的两边,其功用是切断收获作业时缠在摘穗辊上的杂草,防止因摘穗辊上缠草过多而造成摘穗道堵塞和收获部件的损失。调整原则是在切草刀不接触摘穗辊的前提下,距离越小越好。应当注意,当摘穗辊间隙调整后,切草刀间隙也要作相应的调整。

(2) 摘穗板和拉茎辊摘穗装置的调整。拉茎辊和摘穗板间隙的调整示意图如图 9-18 所示。

① 拉茎辊间隙的调整：拉茎辊间隙是指拉茎辊凸筋与另一个拉茎辊凹面外缘之间的距离。合理的间隙是玉米茎秆能在拉茎辊中部拉过。调整时，应根据玉米秆的粗细进行调整，应保证左右拉茎辊移动一致，左右对称。当间隙太小时，摘穗时断茎较多；当间隙太大时，摘穗时拉茎不充分，易造成茎秆堵塞。

② 摘穗板间隙的调整：摘穗板间隙是指两摘穗板内边之间的距离。摘穗板的作用是在拉茎辊拉玉米秆的过程中将玉米果穗卡住并摘下。摘穗板间隙调整原则是摘穗板后部间隙比所收获地块的子粒饱满的果穗的中部直径小 3～6 mm，而摘穗板前部间隙应比后部间隙大 3 mm。此间隙过小会使果穗中混杂有许多茎叶和断茎秆，甚至造成割台堵塞，间隙太大会使果穗损伤和子粒损失增大。

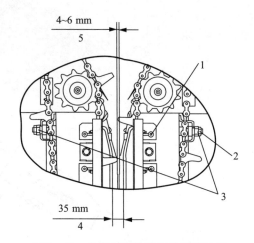

图 9 - 18　拉茎辊和摘穗板的间隙示意
1. 摘穗板压紧螺栓　2. 锁紧螺母
3. 拉茎辊间隙调整螺母　4. 摘穗板间隙
5. 拉茎辊间隙

当拉茎辊间隙变化时，摘穗板之间的间隙也要随着变化，因此，应该在调整好拉茎辊间隙后再调摘穗板之间的间隙。

③ 清草刀间隙的调整：清草刀安装在每对拉茎辊的两边。调整原则是在工作过程中保证清草刀棱边与拉茎辊最高棱边之间的间隙不大于 1 mm，否则易出现拉茎辊缠草。清草刀间隙调整示意图如图 9 - 19 所示。

3. 拨禾链张紧度的调整　拨禾链的作用是扶持玉米茎秆向后移动，然后将摘下的果穗输送到割台搅龙。拨禾链张紧度靠调整张紧链轮来实现。链条的张紧度为用手水平拨动链条松边的中部，链条的张紧度为 15～20 mm 为宜。太松会造成掉链或滑齿，太紧会咬链、卡链、断链。拨禾链张紧度调整示意图如图 9 - 20 所示。

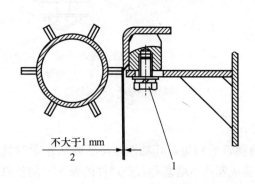

图 9 - 19　清草刀间隙调整示意
1. 清草刀锁紧螺栓　2. 拉茎辊与清草刀间隙

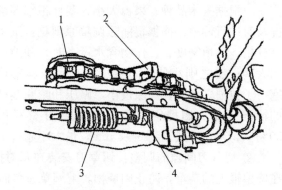

图 9 - 20　拨禾链张紧度调整示意
1. 滑动链轮　2. 拨禾链　3. 张紧弹簧　4. 调整螺帽

4. 割台搅龙的调整　割台搅龙的作用是将摘穗部件摘脱的果穗输送到升运器。

为了保证果穗顺利、完整地被输送，搅龙螺旋叶片应尽可能接近搅龙底壳，但回转时又不能触及底壳。搅龙螺旋片的外缘与底壳的间隙应为 3~10 mm，搅龙螺旋片外缘与底壳的间隙调整是靠割台搅龙调整螺栓来实现的。割台搅龙调整示意图如图 9-21 所示。

5. 果穗升运器输送链张紧度的调整 果穗升运器输送链张紧度的调整是靠调整输送链张紧螺栓来实现。为了使升运器正常工作，必须使每条链轮和导轨的轴线处于同一平面内，升运器两链条的张紧度应一致，太松会造成脱链或滑齿，太紧会咬链、卡链、断链。正常的张紧度应该为用手在中部提起链条时，能提起链条 50~60 mm。

6. 剥皮装置的调整 剥皮装置用于将果穗升运器送来的玉米果穗的苞叶剥下。剥皮装置主要由压穗器、剥皮器和子粒回收装置等组成。目前，剥皮装置主要应用于自走式机型上。剥皮装置结构示意图如图 9-22 所示。

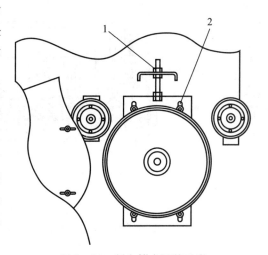

图 9-21 割台搅龙调整示意
1. 割台搅龙调整螺栓　2. 割台搅龙固定螺栓

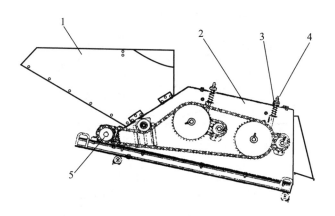

图 9-22 剥皮装置结构示意
1. 滑板焊合　2. 压穗器　3. 提升器　4. 拉杆　5. 剥皮器

（1）剥皮器的调整。剥皮器的主要调整部位是剥皮辊。每对剥皮辊由一根铁辊和一根橡胶辊组成，铁辊为主动辊，橡胶辊为被动辊。其特点是铁辊与橡胶辊相间排列，每个铁辊上有剥皮钉，用来抓取撕破玉米果穗苞叶。固定在摇摆轴座上的剥皮辊借助弹簧的压力与另一个剥皮辊压紧。通过弹簧与导杆的作用，来调整剥皮辊与剥皮辊之间的压力，调整合适后锁紧螺母。每工作 30 h 必须检查一次。剥皮器示意图如图 9-23 所示。

（2）压穗器的调整。果穗压穗器安装在剥皮器上部，用来压送玉米果穗更好地沿剥皮辊工作表面分布，使果穗按顺序向下移动。

压送轮的高度可以由提升器拉杆上的螺母调整。当玉米穗苞叶较紧时，可通过调整螺母减小压送轮距剥皮辊的距离，使压送轮增加对玉米果穗的压力，强制压送果穗而顺利剥皮。

7. 秸秆切碎装置的调整 秸秆切碎装置调整示意图如图 9-24 所示。

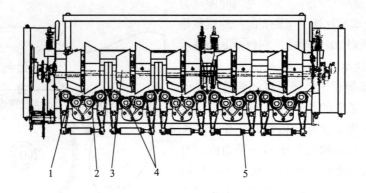

图 9-23 剥皮器示意
1. 被动剥皮辊 2. 主动剥皮辊 3. 压送器 4. 橡胶剥皮辊 5. 剥皮辊调节螺母

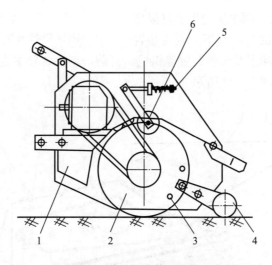

图 9-24 秸秆切碎装置调整示意
1. 机体 2. 粉碎刀 3. 地辊高低调节孔 4. 地辊 5. 皮带张紧轮调整螺母 6. 皮带张紧轮

(1) 留茬高度的调整。改变还田机后部地辊臂在机壳（左右各 3～4 个调整孔）上的连接位置，使玉米茎秆切碎后留茬高度控制在 10 cm 以内。留茬太低会出现切碎刀打土现象，使切碎刀磨损加剧，整机功率消耗加大；留茬太高影响茎秆切碎质量。

(2) 皮带张紧度的调整。使用过程中如发现皮带过松，可通过转动张紧机构调整螺母，适当压紧皮带轮压紧弹簧，改变皮带张紧轮对皮带的压力，实现皮带的张紧。调整后以用 30 kg 力压皮带中部能压下 3～5 mm 为宜。

8. 行走无级变速装置的调整 行走无级变速轮如图 9-25 所示。

(1) 无级变速带张紧度调整。调整时先通过操纵手柄将动轮组合置于中间位置，然后松开栓轴，调整调节螺杆，使调节架焊合上下移动，带动栓轴沿转臂长孔上下移动，达到调整要求后，将栓轴固定。在调整过程中应用手不断转动无级变速轮使 V 带能及时进入轮槽工作直径部位。严禁压紧超限度，而造成变速箱输入轴变形或损坏。

(2) 使用中应注意的问题。

① 无级变速轮在安装时，需调整其皮带轮与发动机输出带轮、变速箱输入带轮间的传

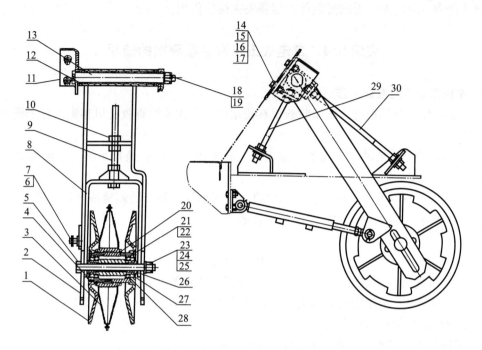

图 9-25 行走无级变速轮

1. 定轮 2. 转臂焊合 3. 动轮焊铆台 4. 油杯 5. 栓轴 6、15、20、24. 垫圈
7. 销 8. 调节架焊合 9. 调节螺杆 10、17、18、23. 螺母 11. 支座焊合
12. 大轴套 13. 心轴 14、21. 螺栓 16、19、22. 弹簧垫圈 25. 开口销
26. 小轴套 27. 油封 28. 滚动轴承 29. 调节拉杆 1 30. 调节拉杆 2

动面，保证两传动回路带轮轮槽对称中心面的位置偏差不大于 2 mm，可通过调节拉杆 1、调节拉杆 2 长度实现。

② 操纵无级变速控制手柄必须轻轻点动，严禁猛动操纵杆。

③ 在拆装无级变速轮前务必做好标记，安装时，按标记进行装配，严禁调位，否则将影响带轮平衡，引起较大振动。

9. 行走离合器的调整　目前行走离合器大多采用干式单片常压式摩擦离合器，离合器膜片弹簧和分离轴承之间自由间隙为 1.5～3 mm。间隙过小，会使分离轴承压在膜片弹簧上长期转动，引起离合器摩擦片不能正常结合，严重损坏机件，因此必须定期检查调整此间隙。可通过调整离合器拉杆（离合器和脚踏板之间细长拉杆）两端螺纹长度的方法进行，此间隙须用塞尺检查，并同时保证离合器脚踏板自由行程为 20～30 mm。

严禁将离合器当刹车及减速器使用，否则，极易引起摩擦片的快速磨损。

10. 割台过载保护器的调整

(1) 摩擦片式过载保护器的调整。正常工作时，经常出现摩擦片打滑现象，说明弹簧压力过小，应拧紧螺母调大弹簧压力。弹簧压力不可过大，否则过载保护器起不到保护作用，导致传动部件损坏。

(2) 牙嵌式过载保护器的调整。牙嵌式过载保护器的啮合力在出厂前已调好。正常工作时，过载保护器若发出"啪啪"的响声，说明啮合力较小，应适当调紧调整螺母，增加啮合力。但啮合力不能过大，否则过载保护器将失去保护作用。

实训 9.4　自走式玉米联合收获机的使用

1. 收获作业前的准备工作

（1）机具使用前的检查。玉米收获机在使用前，首先要检查收获机整机及各个机构调整的技术状态是否正常。

① 检查燃油、润滑油、齿轮油、液压油、刹车油、冷却水是否足够，蓄电池电解液状态及电量是否充盈。

② 检查各部轴承及各运转部件（如风机、中间轴等）的安装调整情况是否正常。

③ 检查传动皮带和链条的张紧度是否合适。

④ 检查液压系统油管及接头的连接情况。

⑤ 检查秸秆粉碎装置刀片磨损情况，保证运转正常。

⑥ 检查各部位防护罩安装是否可靠，是否有工具或无关的物品留在收获机工作部件上。

（2）田间准备。玉米为高秆作物，对驾驶员作业中的视野影响较大，所以作业前必须对所收获的地块、作物进行察看。

① 了解地形、坡度、地界和面积，未经平整的沟、田埂、木桩、石块，是否有陷车的地方，土壤墒情，田间和道路的障碍等情况。对影响作业的田埂、沟坑等要进行平整，对不能移动的障碍物应做好明显标记（特别是夜间田间作业）。

② 了解作物的品种、行距、结穗高度、果穗大小、植株高度及茎秆粗细、成熟度、倒伏等情况，对机具进行相应调整。

（3）其他作业前的准备。

① 协调好收获作业机组与运输车辆，使收获能力与运输能力均衡，减少等待粮食运输车辆时间。

② 应有专人及时为机组联系作业地块，确保玉米收获机能连续作业。联系作业地块时，要尽量联系与农户地块相连的地域作业，减少转移地块的时间。

③ 应将玉米收获机发动机的散热水箱用窗纱等遮挡好，避免玉米杂叶堵塞水箱散热部分。

④ 作业地点离加油站较远或加油不方便时，应准备足够的燃油、润滑油、润滑脂等，但要做好防火、防尘、防水等工作。

⑤ 自备油料时应采取必要的净化措施和安全措施。

2. 田间作业

（1）不同地块初始收获。

① 玉米收获机作业前，应平稳接合动力，油门由小到大；当发动机达到额定转速时，方可踩下离合器，挂上前进挡，然后再缓慢松开离合器踏板，使玉米收获机平稳前进，开始收获作业。

② 作业地块开割地头时，为减少开道辅助作业时间，可采取机组斜向进地方法，地头开割的大小应便于机组拐弯调头，达到省时、高效的效果。为了降低机组转移损失，可暂不放下秸秆粉碎装置，待正常作业时方可缓慢放下秸秆粉碎装置，且动刀不应入土。

③ 出地头拐弯时应升起摘穗台和秸秆粉碎装置，降低玉米收获机前进速度，但不能降低发动机转速，否则会降低玉米收获机的各部件转速，容易造成堵塞。

(2) 作业速度控制。

① 驾驶员应根据玉米的长势情况，合理选择工作挡位和摘穗台的高低。自走式联合收获机在选定挡位后，应通过操作无级变速手柄改变作业速度的快慢，来适应收获作业的要求，尽量不再操纵变速杆换挡。

② 玉米收获机的作业速度应根据玉米的疏密、干湿程度、地面情况、产量等来确定，一般在 2～5.5 km/h。

③ 当发动机负荷过重时，只能踏下离合器踏板使收获机停止前进，切不可减小油门。应适当中断玉米收获作业 1～2 min，待工作部件转速稳定后，再选择合适的前进速度。

(3) 发动机转速控制。

① 玉米收获机应在额定转速下作业，禁止中小油门作业，否则将造成作业速度慢、发生堵塞等故障，影响作业效率。

② 当工作部件堵塞时，应及时停机、切断动力、清除堵塞物。

(4) 作业方法。根据地块情况，酌情选择机组作业方法。

(5) 作业质量和机器状态。

① 机组作业时，要经常观察子粒损失与断茎的情况，及时调整摘穗装置的工作间隙。

② 驾驶员要注意仪表读数、摘穗台上作物流动及果穗箱盛粮多少等情况。

③ 细听发动机、粉碎还田装置、摘穗机构的响声，必要时停机观察，采取措施。

3. 使用中的技术保养　作业期间应定期对玉米收获机进行保养，确保玉米收获机在良好的状态下工作。

(1) 每日作业前或作业后，应清理玉米收获机各部残存的尘土、茎叶及其他附着物。

(2) 检查各组成部分连接情况，必要时加以紧固。

(3) 在开式传动齿轮（升运器、搅轮等）上按要求涂抹适量润滑脂。

(4) 检查三角皮带、传动链条、拨禾输送链和升运链的张紧度。必要时进行调整，损坏时应更换。

(5) 检查齿轮箱油是否有泄漏和不足，必要时添加。

(6) 检查液压系统液压油是否有泄漏和不足，必要时添加。

(7) 清理发动机水箱、除尘罩和空气滤清器附着的灰尘、杂物等。

(8) 发动机、拖拉机按其使用说明书进行技术保养，并适当缩短空气滤清器、燃油滤清器和润滑油滤清器的保养间隔时间。

(9) 检查各部件变形、磨损情况，磨损严重或损坏的要及时维修更换。

(10) 检查秸秆粉碎装置有无刀具损坏、丢失等情况，并及时修复、更换。检查刀轴两端轴承座的固定螺栓是否牢固可靠。

4. 几个主要部件的技术保养

(1) 秸秆粉碎装置的维护保养。秸秆粉碎装置是玉米收获机上消耗动力最多的工作部件，秸秆粉碎装置动刀片也是玉米收获机中磨损最快、更换最频繁的零件。作业时必须经常检查秸秆粉碎装置工作情况，检查刀轴转动是否平稳，秸秆粉碎质量是否良好，刀轴轴承温度是否过高。若有不正常现象，应及时保养、调整、更换。

① 及时清理秸秆粉碎装置壳体内的泥土，保证壳体内腔工作容积，确保粉碎质量。

② 刀片严重磨损，导致粉碎质量明显下降时，要整组更换刀片。动刀片更换时须进行称重，每个刀片的重量差不得大于10 g。

③ 新更换的刀轴总成须做动平衡试验，平衡精度不低于G6.3级。

④ 刀轴轴承润滑时必须使用规定标号的润滑脂，严禁使用不合格的润滑脂，以防止润滑脂失效引起零部件损坏。

⑤ 传动三角带要适度张紧，防止打滑造成皮带的快速磨损或秸秆粉碎质量下降。当三角带工作面与皮带轮工作槽面接触不正常，或三角带小端触及皮带轮槽底时，应及时更换皮带。更换时，整组皮带要进行长度匹配，装配后每根皮带的张紧度应一致。

⑥ 经常观察秸秆粉碎装置壳体前部挡泥板，出现破损要及时更换，防止秸秆粉碎装置向变速箱抛土。

(2) 液压系统的技术保养。

① 经常检查液压管路的密封情况，各管、阀接头不得有渗漏。

② 多路阀的安全阀压力出厂时已调定，禁止自行调高，以防止油管破裂或密封件损坏。

③ 经常检查供油胶管，应无压扁、折死弯、断裂现象，以免供油不足，引起液压系统工作失灵。

④ 及时补充液压油，满足液压系统正常工作。

⑤ 必须使用同种规格型号的液压油，以防油料混用引起化学反应，影响液压系统正常工作。

⑥ 添加液压油时，必须通过液压油箱加油口滤清器过滤，以防止污物进入系统污染液压油，引起液压油变质或损坏机件，影响液压系统工作。

(3) 主离合的技术保养。

① 经常观察主离合器的工作状态，发现分离不彻底或结合不可靠时，要及时维修调整。

② 要定期进行润滑。

③ 拆装时，应正确装配分离轴承、分离轴承盖。

④ 要保证后动压盘与定压盘的正确位置，防止因后动压盘导套与定压盘分离弹簧导销相碰而影响离合器间隙的调整。

⑤ 要及时检查离合器连接销、连杆和开口销的完整情况，发现连接销与孔的间隙过大、开口销断裂或脱落后要及时更换、补充，防止引发事故。

⑥ 注意各皮带轮的运转情况，发现摆动，要及早查找原因，检查皮带轮或轴是否滚键、轴承是否损坏，必要时修复或更换。

⑦ 维修时，必须用专用扳手拧紧皮带轮固定螺栓及定压盘固定螺母，并将锁片锁定牢固。

⑧ 确保润滑油杯方向正确，保证润滑方便。

(4) 转向桥总成的技术保养。

① 经常检查转向拉杆的固定情况，保证固定可靠。

② 经常检查转向油缸活塞杆的锁紧螺母，保证螺母紧固；保证活塞杆处螺纹的拧进深度，以防转向失灵。

③ 经常测量转向轮的前束，保证前束正常。

(5) 电器系统的技术保养。

① 随时观察仪表的指示情况,发现油压、水温、油温不正常情况,应及时检查有关部件,如有接触不良及电器损坏应及时修复。

② 玉米收获机上电器系统一般为12V电压,严禁使用高于或低于此电压的蓄电池及电器元件。

(6) 发动机的技术保养。

① 要及时清理空气滤清器进气口处和周围的黏附杂物、灰尘,以保证进气畅通、干净。

② 及时清理、更换空气滤清器滤芯,保证进入发动机的空气清洁、充足。

③ 严禁随意加长空气滤清器胶管,防止进气阻力增加,引起进气不足,影响发动机正常工作。

5. 玉米收获机技术保养维护时的注意事项

(1) 保养玉米收获机时,不要用易燃液体擦拭机器。

(2) 发动机冷却后,方可检查堵塞的油管。

(3) 检修、清理摘穗台和秸秆粉碎装置底部时,油缸升起后必须有可靠的升起锁定或用其他物品垫牢。

(4) 禁止使用不合格导线。接线要可靠,线外须有护管,接头处应有护套,保险丝容量应符合规定,不允许做打火试验。蓄电池应保持清洁,蓄电池及其他电线接头处禁止放置金属杂物,以防短路。机器运转时不要摘下蓄电池导线。电焊维修时,必须断开电器系统电源总闸。

(5) 检修摘穗辊(板)、拨禾输送链、秸秆粉碎装置、齿轮、链轮和链条等传动和运动部位的故障时,严禁随意转动。

(6) 当玉米收获机因出现故障需要牵引时,要用3 m以上的刚性牵引杆,并挂接在前桥的牵引钩上,不允许倒挂在后桥挂接点上。当玉米收获机出现故障不能启动时,不允许拉车、推车或溜坡启动。

(7) 检查发动机上行走皮带轮固定螺栓的紧固情况,防止螺栓松动、丢失;防止皮带松脱后碰坏水箱。

(8) 需要支起玉米收获机时,支点应选择牢靠,并挡好支起轮胎,支撑应稳定可靠。

(9) 检查动刀片与刀座的固定情况,防止因动刀脱落飞出后伤人。

(10) 玉米收获机长期存放时,须将机油散热器、发动机机体、水箱等冷却水放干净,防止冬季冻裂。

参 考 文 献

张智华,2001. 农业机具使用与维护 [M]. 北京:中国农业出版社.
肖兴宇,2009. 作业机械使用与维护 [M]. 北京:中国农业大学出版社.
沈美容,1981. 农业生产机械化 [M]. 北京:中国农业出版社.
胡霞,2001. 农业机械应用技术 [M]. 北京:中国农业出版社.
蒋双庆,2002. 拖拉机汽车应用技术 [M]. 北京:中国农业出版社.
段相婷,朱秉兰,2002. 农业机具使用与维护 [M]. 北京:高等教育出版社.
王立伟,2009. 农田作业机械使用手册 [M]. 太原:山西经济出版社.
王立伟,2009. 北方农机保养修理手册 [M]. 太原:山西经济出版社.
王家骥,2007. 玉米收获机实用技术 [M]. 石家庄:河北科学出版社.
邬国良,郑服丛,2009. 植保机械与施药技术简明教程 [M]. 西安:西北农林科技大学出版社.
宗耀锦,2009. 中国农业机械化重点推广技术 [M]. 北京:中国农业大学出版社.

读者意见反馈

亲爱的读者：

感谢您选用中国农业出版社出版的职业教育规划教材。为了提升我们的服务质量，为职业教育提供更加优质的教材，敬请您在百忙之中抽出时间对我们的教材提出宝贵意见。我们将根据您的反馈信息改进工作，以优质的服务和高质量的教材回报您的支持和爱护。

地　　址：北京市朝阳区麦子店街 18 号楼（100125）
　　　　　中国农业出版社职业教育出版分社
联系方式：QQ（1492997993）

教材名称：_____　　ISBN：_____

个人资料

姓名：_____所在院校及所学专业：_____
通信地址：_____
联系电话：_____电子信箱：_____
您使用本教材是作为：□指定教材□选用教材□辅导教材□自学教材
您对本教材的总体满意度：
　从内容质量角度看□很满意□满意□一般□不满意
　　改进意见：_____
　从印装质量角度看□很满意□满意□一般□不满意
　　改进意见：_____
本教材最令您满意的是：
　□指导明确□内容充实□讲解详尽□实例丰富□技术先进实用□其他_____
您认为本教材在哪些方面需要改进？（可另附页）
　□封面设计□版式设计□印装质量□内容□其他_____
您认为本教材在内容上哪些地方应进行修改？（可另附页）
_____
_____
本教材存在的错误：（可另附页）
　第_____页，第_____行：_____应改为：_____
　第_____页，第_____行：_____应改为：_____
　第_____页，第_____行：_____应改为：_____
您提供的勘误信息可通过 QQ 发给我们，我们会安排编辑尽快核实改正，所提问题一经采纳，会有精美小礼品赠送。非常感谢您对我社工作的大力支持！

欢迎访问"全国农业教育教材网"http：//www.qgnyjc.com（此表可在网上下载）
欢迎登录"中国农业教育在线"http：//www.ccapedu.com 查看更多网络学习资源

图书在版编目（CIP）数据

农业机具使用与维护/张智华主编．—3版．—北京：中国农业出版社，2019.9（2023.7重印）
"十三五"职业教育国家规划教材
ISBN 978-7-109-26188-4

Ⅰ.①农… Ⅱ.①张… Ⅲ.①农业机械-使用方法-中等专业学校-教材②农业机械-维修-中等专业学校-教材 Ⅳ.①S220.7

中国版本图书馆CIP数据核字（2019）第241768号

中国农业出版社出版
地址：北京市朝阳区麦子店街18号楼
邮编：100125
责任编辑：张孟骅
版式设计：张　宇　　责任校对：吴丽婷
印刷：中农印务有限公司
版次：2001年12月第1版　　2019年9月第3版
印次：2023年7月第3版北京第2次印刷
发行：新华书店北京发行所
开本：787mm×1092mm　1/16
印张：11
字数：250千字
定价：35.00元

版权所有·侵权必究
凡购买本社图书，如有印装质量问题，我社负责调换。
服务电话：010-59195115　010-59194918